Nachts ist es kälter als draußen

BRUNO P. KREMER
BÄRBEL OFTRING

Nachts ist es kälter als draußen

Naturphänomene einfach erklärt

KOSMOS

Unser gesamtes lieferbares Programm und viele
weitere Informationen zu unseren Büchern,
Spielen, Experimentierkästen, DVDs, Autoren und
Aktivitäten finden Sie unter **www.kosmos.de**

1. Auflage 2009

© 2009, Franckh-Kosmos Verlags-GmbH & Co. KG, Stuttgart
ISBN 978-3-440-11901-3
Printed in the Czech Republic/Imprimé en République tchèque

Inhalt

Atmosphärische Ausflüge
von heiter bis heftig

Irdische Zwischenfälle
ganz und gar nicht bodenständig

Küchenchemie und
magische Momente mit Molekülen

Leicht verrückte Physik
und andere Schrägblicke

Knallharte, rasante und sonstige starke Typen
aus Flora und Fauna

Blubbernde Bläschen, bunte Bikinis
und das Blaue vom Himmel

Auch wenn man sie meist überhaupt nicht als solche wahrnimmt: Der ganz normale Alltag steckt voller Merkwürdigkeiten. Und wenn man sie bemerkt, hinterlassen sie eine Menge Fragezeichen, weil sie nicht einfach zu erklären sind. Wir können direkt die Probe aufs Exempel machen: Steht vielleicht gerade eine gut gekühlte Bier-, Cola-, Limo- oder Sektflasche in erreichbarer Nähe? Dann führen Sie sich und Ihrer staunenden Mitwelt sogleich ein „phänomenales" Ereignis vor: Sofort nach dem Öffnen einer dieser Getränkeflaschen entwickeln sich zahlreiche Blubberbläschen. Noch erstaunlicher ist jedoch eine feine Nebelfahne, die aus dem Flaschenhals aufsteigt wie der ersehnte weiße Rauch aus dem Schornstein im Vatikan. Verabschiedet sich da gerade ein Flaschengeist? Hat die Nebelfahne eventuell mit dem Kohlensäuregehalt des Getränks zu tun? Ein paar Augenblicke später ist der Zauber vorüber. Ein anderes Alltagsbeispiel für ein Aha-Erlebnis: Ein paar Wassertropfen fallen auf die knallheiße Herdplatte und rennen nun völlig aufgescheucht umher, statt einfach und spurlos zu verdampfen wie der buchstäbliche Tropfen auf dem heißen Stein. Auch hierbei ist faszinierende und geradezu schockierend einfache Physik im Spiel. Dennoch lassen schon die beiden benannten und recht simplen Effekte selbst naturwissenschaftlich trainierte Mitbeobachter heftig grübeln. Und falls Sie jetzt kritisch nachfragen, werden Sie als Erklärungsversuche vermutlich allerhand wilde Spekulationen vernehmen.

Unser tägliches Umfeld zu Hause, am Arbeitsplatz oder in der Freizeit überrascht mit vielen weiteren auf den ersten Blick einfachen, beim genaueren Hinsehen aber gar nicht mehr so klar durchschaubaren Vorgängen. Warum platzt eigentlich die so schön schillernde Seifenblase ganz plötzlich und auch noch völlig unvorhersagbar? Wieso beschlägt die Brille so heftig, wenn man aus der klirrenden Kälte in die warme Stube kommt, aber nicht umgekehrt? Warum ist ein nasser Bikini viel farbenfroher als ein trockener? Und weshalb wird es nachts überhaupt dunkel?

Wer seine Umgebung aufmerksam betrachtet und erst einmal für Seltsames ausreichend sensibilisiert ist, wird eine Menge erstaunlicher Abläufe, Effekte, Sachverhalte und Zusammenhänge entdecken. Konsequenterweise verspürt man in solchen Fällen heftigen Klärungsbedarf und stellt ebenso natürlich gezielte Fragen. Eine Auswahl besonders kurioser Probleme aus der unbelebten und belebten Alltagsnatur, die man sich allerdings nicht so ohne Weiteres erklären kann, haben wir in diesem Buch zusammengestellt und liefern natürlich auch die passenden Lösungen.

Übrigens: Sie finden die richtige Erklärung für die Nebelschwaden im Flaschenhals auf S. 61 und die Auflösung des Leidenfrost'schen Phänomens der tanzenden Wassertropfen auf S. 64. Solche und andere Überraschungseier eignen sich – nebenbei bemerkt – ganz prächtig als Gesprächsauftakt für einen Smalltalk bei der nächsten Betriebsfeier, aber auch als Zünd- und Treibstoff für eine eventuell intensive Unterhaltung mit dem smarten Yuppie von nebenan. Für ähnliche oder sonst wie vergleichbare Verlegenheiten finden Sie auf den folgenden Seiten geeignete weitere An- und Aufregungen.

Sie brauchen dieses Buch natürlich nicht unbedingt als Trainingslager für irgendeine listig-absichtsvolle Gesprächsanknüpfung. Sie könnten es alternativ beispielsweise während der Frühstückspause lesen und sich fragen, warum in aller Welt der Kaffee kalt wurde (S. 66), oder etwa beim Fünfuhrtee und sich dann über das eigenartige Verhalten der Teeblattkrümel am Tassenboden wundern (S. 77). Und falls Sie die Lektüre gar in Bus oder Bahn genießen, verpassen Sie bitte möglichst nicht Ihre Haltestelle …

Atmosphärische Ausflüge
von heiter bis heftig

Schattentheater: Wolkenkino am Waldboden?

Das ist Ihnen beim Waldspaziergang an einem sommerlichen
Sonnentag gewiss schon einmal aufgefallen: Von den wärmenden
Strahlen der hoch über dem Wald stehenden Sonne kommt
durch das dichte Kronendach nicht allzu viel am Waldboden an.
Deswegen ist es dort selbst bei unerträglich sommerlicher Glut-
hitze relativ angenehm kühl. Von der Sonne sieht man fast nur die
hellen Lichtflecken, die sich auf dem sonst eher schattigen Waldboden im sanften Sommerwind ein wenig hin- und herbewegen.

Nun wären diese sommerlichen Bodenlichtspiele unter dem
dichten Blätterdach an sich kaum aufregend und erwähnenswert,
gäbe es da nicht doch einige Merkwürdigkeiten: Alle Lichtpunkte, die auf dem Boden umhertänzeln, sind fast immer
ungefähr gleich groß. Außerdem erscheinen sie allesamt oval. Es
kann doch wohl nicht sein, dass die Lücken im Blätterdach
zufälligerweise alle die gleiche Form haben. Der kontrollierende
Blick nach oben bestätigt es natürlich sofort – es gibt erwartungs-
gemäß kleine und große Öffnungen, dazu auch rundliche, drei-
und vieleckige und mehrheitlich sogar völlig unregelmäßige.
Trotzdem haben die Lichtflecken auf dem Waldboden, mancher-
orts auch Sonnentaler genannt, allesamt die gleiche Größe.

Wie ist dies möglich? Des Rätsels Lösung ist der Strahlengang
durch das Blätterdach. Jede einzelne Lichtöffnung in den Baum-
kronen wirkt genauso wie eine einfache Lochkamera. Unabhängig von ihrer genauen Größe bildet jede Kronendachlücke daher
auf dem Waldboden ein verkleinertes Bild der Sonne ab. Wegen
des schrägen Lichteinfalls selbst zur mitteleuropäischen Hoch-
sommerzeit werden die eigentlich kreisrunden Sonnenscheibchen
zu kleinen Ellipsen verformt. Dass diese Lichtflecken tatsächlich
Sonnenbilder sind und keine einfachen „Spotlights", wie sie
ein Theaterscheinwerfer auf die Bühne zaubert, hat bereits der
berühmte Astronom Johannes Kepler (1571–1630) entdeckt

und damit als einer der Ersten zuverlässig nachgewiesen, dass sich das Licht normalerweise völlig geradlinig ausbreitet – was zu seiner Zeit keineswegs eine gesicherte Erkenntnis war. Auch fiel ihm beim genaueren Hinsehen auf, dass die vielen kleinen Sonnenabbilder auf dem Waldboden erstaunlicherweise spiegelverkehrt sind: Wenn zufällig ein paar kleinere Haufenwolken vor der Sonne vorbeiziehen, ist ihre Zugrichtung auf dem Bodenbild der tatsächlichen Wolkenbewegung immer entgegengesetzt.

Capri-Effekt: Warum ist der Himmel blau?

Nach einer rabenschwarzen Nacht und den eher stimmungsneutralen Grauabstufungen der Morgendämmerung bei der Heimkehr der Fledermäuse und anderer Nachtschwärmer erfreut Sie der alsbald anbrechende Sommertag mit einem makellos blauen Himmel. Das ist Ihre Chance. Jetzt können Sie nämlich Ihr Umfeld mit der Frage aus der Bahn werfen, wieso der Himmel überhaupt blau erscheint oder sich zumindest blau zwischen etwaigen Wolkenfetzen zeigt.

Diese Frage ist gar nicht so absurd oder gar naiv, hat sie doch beinahe schon etliche Naturgelehrte der Antike verzweifeln lassen. Auch spätere Generationen von Naturphilosophen oder Forschern haben um eine plausible Erklärung dieses geradezu alltäglichen Phänomens gerungen. Selbst das Universalgenie Johann Wolfgang von Goethe legte in seiner Farbenlehre eine Deutung vor. Diese war als Gegendarstellung für die vom berühmten Isaac Newton kurz zuvor entdeckte Zerlegung des Sonnenlichts gedacht, das man mithilfe eines Glasprismas ganz einfach in die sieben Regenbogenfarben aufspalten kann. Viele berühmte Naturwissenschaftler bemühten sich, dem Himmelsblau auf die Spur zu kommen, scheiterten aber vorerst an ihren noch beschränkten Erklärungsmöglichkeiten.

Erst John William Strutt (1842–1919), der nach dem Tode seines Vaters im Jahre 1873 zu Lord Rayleigh geadelt wurde, hatte Erfolg. In einem ehemaligen Pferdestall des elterlichen Gutshofes hatte er sich ein Versuchslabor eingerichtet und widmete sich neben der Verwaltung der väterlichen Hinterlassenschaft fast nur noch seinen physikalischen Experimenten. Er erklärte das Blau des Himmels mit der Lichtstreuung an den molekularen bzw. atomaren Bestandteilen in der Luft, obwohl zu seiner Zeit die Atomtheorie noch kaum entwickelt war. Tatsächlich ist das geheimnisvolle und sprichwörtliche Blaue vom Himmel ein nicht ganz einfacher Summeneffekt aus der Interaktion des Sonnenlichtes mit den Gasmolekülen der Atmosphäre. Die offensichtlich so wirksame Ablenkung von Lichtstrahlen durch Gasmoleküle nennt man heute nach ihrem Entdecker Rayleigh-Streuung oder Rayleigh-Effekt.

Beim Weg der Sonnenstrahlen durch die irdische Lufthülle laufen unentwegt Wechselwirkungen mit der Materie ab. Die Lichtwellen regen die gebundenen Elektronen der Luftmoleküle zu heftigen Schwingungen an. Diese strahlen nach Anregung ihrerseits Wellen ab – eben das Streulicht der Atmosphäre. Eine Rayleigh-Streuung ist nur möglich, wenn die Gasmoleküle wesentlich kleiner sind als die anregenden Wellen des sichtbaren Spektrums. Das sogenannte Rayleigh'sche Gesetz beschreibt diesen Zusammenhang sogar mathematisch exakt, doch verzichten wir hier auf die rechnerischen Details. Das vom Himmel auf die Erde gelangende Streulicht ist jedenfalls zwar immer eine Mischung aller an den Luftmolekülen gestreuten Spektralfarben des Sonnenlichtes, wobei aber die kurzwelligen und deswegen blauen Anteile eine deutliche Mehrheit bilden.

Weil violettes Licht wegen seiner sehr kurzen Wellenlängen nach dem Rayleigh-Gesetz am stärksten gestreut wird, müsste der Himmel eigentlich violett erscheinen. Nun ist jedoch das Violett im Sonnenlicht nicht allzu stark vertreten und daher auch in einem Regenbogen nur relativ schwer erkennbar. Außerdem sind unsere Augen für diesen Spektralbereich nicht besonders gut empfänglich. Das violette Streulicht geht daher in unserer Farbwahrnehmung des Himmels so gut wie völlig unter. Somit bleibt im Wesentlichen nur der stark gestreute Blauanteil, und der prägt folglich in der Hauptsache die Himmelsfarbe. Ein besonders strahlendes Blau ergibt sich immer dann, wenn die Atmosphäre nur relativ wenige Wassertröpfchen und/oder Staubpartikeln enthält. Die britische Fachzeitschrift *National Physical Laboratory* hat einmal eine Rangliste veröffentlicht, wonach der Himmel über Rio de Janeiro im brillantesten Blau der Erde erstrahlt. Übrigens: Bei den schönen blauen Augen Ihres Gegenübers ist das Rayleigh-Gesetz ebenfalls im Spiel (vgl. S. 139).

Himmelsstürmer: Wie hoch hängen die Wolken an Pol und Äquator?

Schon mit bloßem Auge ist mit einem Blick zum Horizont leicht zu erkennen, dass die Wolken nicht wie im Kinderbild ganz oben an der Himmelsdecke aufgehängt sind. Die hauchzarten Schleier der Eiswolken (Cirren) ziehen deutlich höher übers Land als die dicken Regenwolken, die sich mühsam über die Bergrücken schieben. Manchmal steht man sogar mitten in den Wolken: Nebel ist nichts anderes als eine Wassertropfen-Wolke, die bis auf den Erdboden reicht.

Doch wie hoch hängen die Wolken tatsächlich am Himmel? Um diese Frage zu beantworten, sind zwei Dinge zu beachten. Zum einen befinden sich die Wolken in unterschiedlichen atmosphärischen Höhen, zum anderen gibt es eine Wetterschicht, die sogenannte Troposphäre. Doch der Reihe nach:

Die Meteorologen unterscheiden niedrige von mittelhohen und hohen Wolken. Im Erdgeschoss der Wetterschicht halten sich die niedrigen Wolken auf, zu denen beispielsweise die Quell- oder Haufenwolken, die dicken Walzenwolken und die niedrigen Schichtwolken gehören. Mittelhohe Wolken sind in der ersten Etage der Wetterschicht zu Hause. Dort streifen nicht nur die auch Schäfchenwolken genannten Schönwetterwolken durch die dünner werdenden Luftschichten, sondern auch die dunklen Regenwolken, aus denen es bei tieferen Temperaturen schneit. Die durchscheinenden Bänder und Fäden der Eiswolken schließlich befinden sich im Dachgeschoss der Wetterschicht.

Gewitterwolken, die sich ja auch sonst nicht an das übliche Wolkendasein mit Eis, Schnee oder Regen halten, machen eine Ausnahme: Wie gewaltige Türme beginnen sie in wenigen Hundert Metern über der Erdoberfläche, durchstoßen jede Etage der unteren Atmosphäre und enden abrupt und flach an der Decke der Wetterschicht.

Doch was ist die Wetterschicht? Die Atmosphäre der Erde ist ungefähr 500 Kilometer hoch. Das Wetter mit seinen Winden, Wolken, Regen und Schnee findet allerdings nicht in der gesamten irdischen Lufthülle statt, sondern nur in der untersten Schicht, der Troposphäre. Sie umgibt die Erde wie die Haut einen Apfel – doch halt, dieses Bild stimmt nicht ganz: Während die Apfelhaut rundherum gleichmäßig dick ist, ist es die Wetterschicht nicht. An den kalten Polen schmiegt sie sich ganz eng an die Erdkugel, so als ob es ihr weiter draußen zu kalt wäre, und endet schon in acht Kilometern Höhe, während sich die Wetterschicht in den heißen Tropen rund um den Äquator mächtig aufbläht. Dort ist sie mit einer Höhe von 17 Kilometern doppelt so hoch wie an Nord- und Südpol. Bei uns in den mittleren Breiten ist auch die Wetterschicht mittelhoch: Bei 12 bis 13 Kilometern Höhe ist Schluss. Grund für diese unterschiedliche Dicke ist die Zentrifugalkraft infolge der Erdumdrehung, die ja auch die Erd„kugel" zu den Polen hin leicht abplattet.

Diese starke Änderung der Wetterschichten-Höhe wirkt sich auch auf die Wolken aus: Ziehen bei uns die Cirren auf derselben Höhe wie Flugzeuge über den Himmel, schaut ein Pilot beim Flug über den Nordpol auf diese Eisschleierwolken hinunter. Und Gewitterwolken, die bei uns in 13 Kilometern Höhe enden, reichen am Äquator weitere vier Kilometer in den Himmel hinauf!

Palette für Minuten: Was geht vor im Regenbogen?

Obwohl bestimmt jeder schon öfter das bunte Lichtband bestaunt hat, können viele Beobachter die genaue Farbabfolge im Regenbogen nicht zweifelsfrei wiedergeben. Beginnt der Bogen oben rot und endet unten violett oder ist es eher umgekehrt? Ist das Grün in der Mitte oder vielleicht am Saum? Überprüfen Sie das einmal in Ihrem Bekanntenkreis – die Verwirrung ist meist beachtlich, mitunter übrigens auch in Fachbüchern. Als die italienische Friedensbewegung ihre inzwischen weltweit bekannte Regenbogenfahne mit der weißen Aufschrift PACE einführte, haben die Designer wohl auch nicht so genau hingesehen. Das ganze Emblem zeigt nämlich gegenüber dem natürlichen Vorbild eine umgekehrte Farbfolge mit Blau oben und Rot unten. Violett fehlt, aber dafür gibt es abweichend vom richtigen Regenbogen in der Mitte ein helles Blau. Die physikalisch korrekte Reihung umfasst dagegen von oben nach unten die sieben Farblichtbänder Rot, Orange, Gelb, Grün, Blau, Indigo und Violett.

Der in Dichtung, Musik und Malerei ziemlich oft aufgegriffene Regenbogen ist ein ungewöhnlich interessantes Naturschauspiel. In allen Kulturen ließen sich die Menschen von den bunten Bändern verzaubern, weil man eine natürliche, d. h. schlüssige Erklärung lange Zeit nicht zur Hand hatte. Auch Goethe hatte so seine Probleme mit dem Regenbogen, weil der partout nicht in seine aus heutiger Sicht leicht abstruse Farbenlehre passte. Die komplette Theorie des Regenbogens ist tatsächlich ziemlich umfangreich und füllt dickleibige Fachbücher. Wir können uns aber auf ein paar wichtige Aspekte beschränken.

Wenn schon die meisten Beobachter Schwierigkeiten damit haben, sich die richtige Farbreihung zu merken, werden sie die vielen spannenden Nebeneffekte eines Regenbogens wahrscheinlich ebenfalls übersehen. Die Beobachtungsfakten als solche sind dabei recht einfach nachzuvollziehen. Nur ihre Physik ist nach manchem Empfinden ein wenig klippenreich.

Damit sich überhaupt ein Regenbogen zeigt, benötigt man einen Vorhang aus Regentropfen (Schauerfront) vor sich und die Sonne im Rücken. Den bunten Regenbogen mit seinen sieben Farben, Primär- oder Hauptbogen genannt, sieht man jeweils im Regenvorhang und immer unter einem Öffnungswinkel von 42°. Das Auge des Beobachters bildet dabei gleichsam die Spitze eines liegenden Kegels mit dem Öffnungswinkel 42°, und der Regenbogen zeigt sich als Bogenausschnitt aus dessen Grundfläche. Die sieben Farbbänder sind im Winkelmaß ziemlich genau 2° breit. Fast immer kann man außerhalb des Hauptbogens einen etwas schwächeren Sekundärbogen sehen. Da er höher am Himmel steht, erscheint er unter einem Öffnungswinkel von rund 51°. Die Farbreihenfolge ist hier gegenüber dem Hauptbogen umgekehrt – er beginnt also mit Rot innen und endet mit einem verwaschenen Violett außen. Seine Lichtbandbreite beträgt mit etwa 4° fast das Doppelte des Hauptbogens. Zwischen Haupt- und Nebenbogen erscheint der Himmel deutlich dunkler als außerhalb. Man nennt diesen rund 9° breiten Bereich „Alexanders dunkles Band", nach dem Erstbeobachter Alexander von Aphrodisias (ca. 174–220 n. Chr.). Dafür ist fast das gesamte vom Hauptbogen eingeschlossene Innenfeld gegenüber der Umgebung deutlich aufgehellt. Manchmal erkennt man innen unmittelbar anschließend an den Hauptbogen noch einige undeutliche, meist pinkfarbene oder grünliche weitere Farbbänder, die man „überzählige Bögen" nennt.

Einen komplett halbkreisförmigen Regenbogen mit der höchsten Stelle bei 42° kann man übrigens nur sehen, wenn die Sonne noch oder schon sehr nahe über dem Horizont steht. Wandert sie bei ihrem Tageslauf höher, verlagert sich der Mittelpunkt des Regenbogens nach unten, was den Bogen flacher erscheinen lässt. Steht die Sonne bei 42° oder höher am Himmel, liegt der höchste Regenbogenpunkt am bzw. unter dem Horizont, und die ganze Farbenpracht ist nicht sichtbar. Im Sommer tritt diese Naturerscheinung deswegen nur bei relativ tiefem Sonnenstand am früheren Vor- oder späteren Nachmittag auf, im Winter dagegen zu jeder Tageszeit. Nur von sehr hoch gelegenen Beobachtungspunkten aus, beispielsweise einem Berggipfel oder einem Flugzeug, kann man den Regenbogen als Vollkreis erleben.

Seit den grundlegenden Entdeckungen des bedeutenden Physikers Isaac Newton (1643–1727) ist bekannt, dass sich im Regenbogen die verschiedenen Spektralfarben des Lichtes abbilden. Newton zerlegte das unseren Augen als Summeneffekt aller Farben weiß erscheinende Tageslicht an einem Glasprisma in seine spektralen Anteile. Beim Regenbogen erledigen das die fallenden Regentropfen. Die Sonnenstrahlen fallen in die kugeligen Tropfen ein, werden gebrochen, an der Tropfenrückseite reflektiert und beim Verlassen des Tropfens noch einmal gebrochen.

Jede Wellenlänge und somit jede Farbe hat ihren eigenen Abstrahlwinkel. Für die längerwelligen roten Strahlen beträgt er maximal 42°, für die kürzerwelligen violetten nur etwa 40°. Die Differenz beider Werte ergibt die Regenbogenbreite. Wegen ihrer unterschiedlichen Abstrahlwinkel verlassen die roten Lichtwellen den Regentropfen ganz unten und die violetten 2° weiter oben. Die Farbreihenfolge ist also vertauscht gegenüber der, die wir im Regenbogen sehen. Der Grund für die nochmalige (scheinbare) Umkehr ist aber leicht einzusehen: Die einzelnen Farben werden von den Regentropfen zurückgeworfen, während sie durch den Abstrahlwinkel von 42° bis 40° fallen. Die rote Außenfront des Regenbogens teilen uns dabei andere (eben noch höhere) Regentropfen mit als den violetten Innensaum, der von schon tieferen Tropfen in unseren Augen ankommt. Unter bestimmten Einfallwinkeln der Sonnenstrahlen können die Lichtwellen in den Regentropfen auch mehrfach gebrochen und reflektiert werden. Diese ergeben dann den Nebenbogen bei 51° oder die überzähligen Bögen unterhalb 40°. Die Regentropfen manipulieren also das Sonnenlicht und nehmen eine ereignisreiche Umverteilung vor. Zwischen 42° und 51° werfen sie aufgrund ihrer eigenen Geometrie und der davon abhängigen Brechungs- bzw. Reflexionswinkel kein Licht ab. Deswegen erscheint uns dort das eigenartige und recht breite Alexander-Dunkelband.

Niederschläge: Warum bleiben Regentropfen nicht einfach oben?

Kleingärtner, Landwirte, Ausflügler und Urlauber haben zum Regen ein unterschiedliches Verhältnis. Die einen sehnen ihn herbei, weil die Pflanzen mickern, den anderen lässt er die geplanten Freilandaktivitäten ins Wasser fallen. Betrachtet man die aufziehenden Wolken etwas leidenschaftsloser, erweisen sie sich als faszinierende Gebilde voller verrückter Physik. Schon ihre höchst unterschiedlichen Formen sind bemerkenswert. Für ganz ernsthafte Wetterkundler gibt es ausführliche Wolkenatlanten, in denen die verschiedenen Wolkenformen sogar lateinische Namen tragen wie die Pflanzen und Tiere in einem Bestimmungsbuch. Eine aussichtsreiche und ergiebige Regenwolke heißt beispielsweise *Cumulonimbus congestus*.

Eine der Leitfragen an eine Regenwolke könnte lauten: Wieso bleibt das Wasser so lange oben, um dann irgendwann einmal „aus allen Wolken" zu fallen? Schließlich hat man es hier nicht nur mit ein paar Gießkannen voll Flüssigkeit zu tun. Eine satte Wolke enthält je nach Durchmesser und Dicke tatsächlich mehrere Tausend Tonnen Wasser (siehe auch S. 32).

Damit überhaupt eine Wolke entstehen kann, muss feuchte, warme Luft aufsteigen. Weil warme Gase bedeutend leichter sind als kalte (vgl. Heißluftballon), steigt feuchtwarme Luft über erhitzten Landschaften fast zwangsläufig hoch, gleitet aber auch auf eine anrückende Kaltfront oder steigt an einer Gebirgskette auf. Beim Aufstieg kühlt sie sich ab, wobei sich der hochtransportierte Wasserdampf ab einer gewissen Temperatur zu feinsten Tröpfchen verdichtet (kondensiert) und auf diese Weise Nebel entstehen lässt. Die Nebeltröpfchen fallen aber nicht sogleich wieder herunter, denn sie sind mit ihren 0,02 bis 0,1 Millimetern Durchmesser viel zu klein und dabei so leicht, dass sie von den starken Aufwinden innerhalb der Wolke längere Zeit in der Schwebe gehalten werden. Erst bei stärkeren Aufwinden besteht die Chance, dass die Tröpfchen zusammenstoßen, beim Anrempeln zusammenfließen und anwachsen. Bei Aufwinden von bis zu etwa 8 Metern in der Sekunde können die Tropfen höchstens 5 Millimeter dick werden. Sie beginnen zu fallen, zerreißen dabei aber in kleinere Portionen, die ihrerseits mit dem Aufwind wieder nach oben gelangen und den Weg nach unten erneut antreten. Mit der Zeit reichern sich größere Tropfen im unteren Teil einer Wolke an. Lässt nun der Aufwind nach, gibt es kein Halten mehr – und es beginnt zu regnen.

So läuft es im Wesentlichen in den Tropen. In unseren gemäßigten Breiten sind noch andere Prozesse beteiligt, vor allem die Eiskristallbildung. Im Sommer liegt die Zone, in der stark unterkühltes Wolkenwasser zu Eiskristallen gefriert, in etwa 5 Kilometern Höhe. Eine Wolke, aus der es regnen soll, muss mindestens

so hoch reichen, dass die Temperatur in ihren oberen Etagen unter −10 °C liegt. Hier bilden sich jetzt also sechseckige Schnee-
kristalle, die ihrerseits zusammenwachsen. In einer Quellwolke
läuft dieser Prozess erstaunlich rasch ab: In nur 15 Minuten
nimmt ein Eiskristall um das 10 000-fache seiner Ausgangsgröße
zu. Jetzt kann unterkühltes Wasser auf den Schneekristallen fest-
frieren, und so bilden sich Reifgraupeln. Beim Gefrieren wird
Wärme frei, die meist durch die Aufwinde ziemlich rasch abge-
führt wird. Andernfalls tauen die Reifgraupeln an, fangen beim
Tanz in der Wolke durch Zusammenstöße weiteres Wasser ein,
das sich in konzentrischen Schalen festsetzt, schließlich ebenfalls
gefriert und zu größeren und dann fallenden Hagelkörnern
führt. Der Regen, der schließlich auf der Erde ankommt, ist
fast immer geschmolzener Schnee, Graupel oder Hagel. Je nach
jahreszeitlicher Temperatur in der unteren Atmosphäre kann der
Schmelzvorgang nicht vollständig ablaufen und das Wasser
kommt in fester Form an.

Schneeflocken: Kristallkunst aus der Kälte

Man kennt sie von Hinweisschildern für Glättegefahr, von
winterlichen Dekorationsstücken in Schaufensterauslagen oder
als Grafiksymbole auf Geschenkpapier: Eiskristalle haben einen
nachhaltigen und wegen ihrer ausgesprochen harmonischen
Gesamtwirkung offenbar sehr gerne eingesetzten Symbolwert.
Im Raureif auf dem Geäst der Gehölze oder auf der vereisten
Fensterscheibe ist der vollendete Formenzauber von kristallin
erstarrtem Wasser allerdings kaum oder nur wenig erkennbar.
Viel eindrucksvoller präsentiert sich die vergängliche, weil auf
kühle Thermometergrade beschränkte Schönheit, sobald sich
Eiskristalle ohne festen Kontakt zu einer Oberfläche formen
können und bei Kälte einfach aus den Wolken fallen.

Schon in der Wolke gefrieren die Wassertropfen zu Eiskristallen und werden im freien Fall zur Schneeflocke, weil sich gewöhnlich mehrere Einzelkristalle zu einem mehrteiligen Eisensemble zusammenschließen. Wenn nun leise der Schnee rieselt, sinken formal ungemein ansprechende Kristallgestalten zu Boden. Mit dem bloßen Auge ist die Pracht der Flocke jedoch nur schwer wahrnehmbar. Erst die vergrößernde Betrachtung mit einer Lupe übersetzt die kurzlebige Filigranstruktur in eine fassbarere Dimension. Dabei zeigt sich ein erstaunliches Grundmuster: Eiskristalle sind immer sechsstrahlig aufgebaut. Ihr Umriss bildet ein regelmäßiges Sechseck, das ohnehin zu den Lieblingsformen der Natur zu gehören scheint, denn es begegnet uns auch im Basisdesign der Bienenwabe oder im Facettenauge der Insekten. Manche nur aus einem einzigen Eiskristall bestehenden Schneeflocken weisen tatsächlich die Gestalt eines hexagonalen Plättchens auf. Häufiger werden die geraden Konturen jedoch aufgelöst und zu kompliziertesten Nadelmustern verästelt, allerdings über einem nach wie vor sechsstrahligen Grundriss.

Zwei Gesetzmäßigkeiten bestimmen die Herausbildung der jeweiligen Kristallgestalt: Alle Strukturelemente schließen untereinander einen Winkel von 60° ein, und ihre Achsen verlängern sich im Wesentlichen nur in zwei Richtungen des Raumes. Ein Eiskristall ist daher immer ein nahezu flächiges Gebilde von scheibchenförmiger Gestalt und keineswegs ein allseits zackentragendes Sternchen. Solche dreidimensionalen Formen entstehen erst beim Zusammenschluss vieler Einzelkristalle zu einer massiveren Flocke.

Bei aller Gesetzmäßigkeit lässt die vorgegebene Sechseck-Grundstruktur eines Eiskristalls noch eine Menge Spielraum zur individuellen Ausgestaltung. Es ist schon beeindruckend zu sehen, wie der vergleichsweise einfach aufgebaute Naturstoff Wasser eine Vielgestaltigkeit seiner Kristallformen zustande bringt, wie sie so bei keiner anderen Verbindung zu beobachten ist. Auch die unbelebte Natur neigt bekanntlich zur Vielfalt durch Variation überschaubarer Grundmuster. Eiskristalle sind hervorragende Beispiele für solche Abwandlungen innerhalb eines relativ strikt vorgegebenen Rahmens. Die Variabilität ist dabei nahezu unbegrenzt, und man fühlt sich als Beobachter an die neuesten Erkenntnisse zu den Problemen der Selbstähnlichkeit und des deterministischen Chaos erinnert. Die meisten Einschätzungen stimmen darin überein, dass keine zwei Eiskristalle in den Details ihrer Architektur genau übereinstimmen. Man müsste schon einen beträchtlichen Teil des Weltalls mit Eiskristallen bzw. Schneeflocken ausfüllen, um zwei einigermaßen übereinstimmende Formen zu erhalten.

Eine solche Variabilität steuern zahlreiche auf die Kristallbildung einwirkende Faktoren, die jeweils spezifisch und unwiederholbar zusammenwirken, darunter feine Unterschiede der Feuchtigkeits-, Temperatur- und Druckverteilung in der Wolkenatmosphäre. Ebenso wirken auch feinste Verunreinigungen der Luft mit. Winzigste Fremdkörper lösen im wachsenden Eiskristall lokale Störungen und damit ein wenig Unordnung im Kristallgitter aus und definieren auf diese Weise einen jeweils neuen Formbildungsrahmen, der schon im nächsten Augenblick wieder verworfen werden kann. Das Kristallwachstum vollzieht sich chaotisch – zwar strikt nach den Naturgesetzen, wegen der zahlreichen Zufallswirkungen aber nicht exakt vorhersagbar.

Der amerikanische Farmer Wilson Bentley (1865–1931) war einer der Ersten, die Eiskristalle bzw. Schneeflocken unter dem Mikroskop untersuchten und fotografierten – in den knackigen Nächten des strengen Neuengland-Winters von Vermont und natürlich mit tiefkalten Instrumenten draußen auf dem Hof. In seinem 1931 erschienenen Buch bildete er 2400 verschiedene Formen ab. Fotografisch dokumentiert hat er über 6000. Sein Hobby ließ ihn zwar sehr berühmt werden, erwies sich aber auch als ausgesprochen ungesund: Wilson Bentley starb an einer Lungenentzündung.

Dicke Luft: Was wiegt die Atmosphäre im Büro?

Je nachdem, wie man sie festlegt, reicht die Lufthülle der Erde bis in fast 400 Kilometer Höhe. Ganz weit oben wird sie allerdings reichlich dünn, denn über 90 Prozent der Lufthüllengase befinden sich in den untersten 20 Kilometern der Atmosphäre, immerhin noch etwa 75 Prozent in den untersten 10 sowie etwa die Hälfte in den untersten 5 Kilometern der Luftschichten. So richtig dicke Luft herrscht also eigentlich nur direkt im Bereich der Erdoberfläche.

Diese gesamte Lufthülle lastet in Meereshöhe mit dem exakt definierten Druck von einer Atmosphäre (atm) auf der Erde. Für die Angabe der Luftdruckverhältnisse sind inzwischen verschiedene andere Einheiten üblich und verbreitet. Die Größe 1 atm entspricht – was man auf jedem Barometer ablesen kann – einem Luftdruck von 1,0325 Bar (bar) oder 1032,5 Millibar (mbar) = 1032,5 HektoPascal (hPa) sowie 760 Torr. Die so festgelegte physikalisch verstandene Normalatmosphäre unterscheidet sich von der technischen Atmosphäre nur um knapp 2 Prozent; Letztere gibt man mit einem Druck von 1 kp/cm^2, die Normalatmosphäre dagegen mit $1,033 \text{ kp/cm}^2$ an. Die früher verwendete Einheit Torr benannte man nach dem toskanischen Physiker und Mathematiker Evangelista Torricelli (1608–1647), dem Nachfolger Galileis als Hofmathematiker des Großherzogs von Florenz. Torricelli erfand im Jahr 1640 das Quecksilberbarometer. Die Druckangaben in Torr sind immer noch als Zusatzskala auf (fast) allen heutigen Barometern enthalten.

Obwohl sie federleicht erscheint, lastet die Luft unbemerkt mit der benannten Größe 1 kp/cm^2 auf uns. Außerdem hat sie natürlich auch ein nicht unbeträchtliches Eigengewicht. Tatsächlich wiegt ein Kubikmeter Luft in Meereshöhe am Erdboden bei 0 °C und durchschnittlichem Normaldruck exakt 1,239 Kilogramm. Die Luftmenge eines normal bemessenen

Wohn- oder Arbeitsraums mit 5 × 5 Metern Grundfläche und
2,5 Metern Deckenhöhe ist daher mit insgesamt 62,5 Kilogramm Gewicht schon fast ein Fall für einen gut trainierten
Gewichtheber.

Übrigens: Besonders dicke Luft trifft man an den Ufern des
Toten Meeres an. Dieses seltsame Gewässer ist bekanntlich der
tiefst gelegene See der Erde. Der Seespiegel lag ursprünglich
398 Meter unter dem des nur 75 Kilometer entfernten Mittel-
meeres. Heute bewegt er sich schon bei etwa 420 Metern unter
Meeresniveau, denn das Tote Meer trocknet im heißen Klima
des Jordan-Grabenbruches allmählich aus, weil die Süßwasser-
zufuhr wegen zahlreicher Bewässerungsprojekte im oberen
Jordan-Tal stark reduziert ist. Seine Seeufer sind der tiefste frei
zugängliche Punkt und damit eine besondere Kryptodepression
der Erdoberfläche, wie man eine geschlossene festländische
Hohlform unterhalb des Meeresspiegels nennt. In Höhe des
Wasserspiegels beträgt der durchschnittliche Luftdruck hier
nicht wie sonst 1013 mbar (hPa), sondern es herrscht mit rund
1060 mbar (hPa) ständig Hochdruck. Außerdem ist der Sauer-
stoffgehalt um bis zu 5 Prozent erhöht.

Total verknallt: Feuerwerk mit Nebenwirkungen

Für Hunde, Katzen und viele andere Tiere ist diese Nacht die
allerschlimmste des Jahres, sozusagen der Weltuntergang: Sil-
vester. Doch alle Jahre wieder kommt sie auf die Erde nieder und
wird gebührend gefeiert: mit Fondue und Bowle, Sekt und guten
Vorsätzen und natürlich einem ordentlichen Feuerwerk. Dass
man das Geld – immerhin ein Betrag von rund 100 Millionen
Euro pro Jahr – statt für Raketen, Knaller und Leuchtvulkane
auch sinnvoller wohltätig ausgeben könnte, steht auf einem
anderen Blatt. Dass aber die Knallerei auch Auswirkungen auf

das lokale Wetter hat, geht im Crescendo der derzeitigen Klima-wandel-Debatte leicht unter.

In klaren, windstillen Silvesternächten etwa, wenn die boden-nahe Luft recht feucht ist und es zudem wegen einer Inversions-wetterlage keinen Austausch mit höheren Luftschichten gibt, fungiert das Silvesterfeuerwerk wie eine riesige Nebelmaschine: Wie von Zauberhand verdüstern sich dann die Sichtweiten auf teilweise sogar unter 10 Meter, und das neue Jahr beginnt äußerst undurchsichtig. Beim Abbrennen der Heuler, Knaller und Raketen entstehen aus den Substanzen, die für die bunten Farben zuständig sind, komplexe Salzverbindungen. Diese tun genau das, was Salz auch auf der Laugenbrezel tut: Sie ziehen Wasser an. Jedes Salzteilchen wirkt wie ein Kondensationskern und bildet ein Nebeltröpfchen. Wo viel geknallt wird, bildet sich dann auch viel Nebel.

Neben diesen Salzverbindungen entstehen Rußpartikelchen, die sich hier genauso verhalten wie die Rußteilchen in den Ab-gasen der Dieselmotoren: Auch sie wirken als Kondensations-keime und bilden ebenfalls kleine Nebeltröpfchen. Wo Ruß-partikeln sind, ist der Feinstaub nicht weit. In den Stunden nach der Silvesterknallerei werden auch die höchsten Werte bei der Konzentration an Feinstaub gemessen. Bis zu 4000 Mikro-gramm in einem Kubikmeter Luft sind keine Seltenheit. Das ist immerhin das Achtzigfache der höchstzulässigen Konzentration von 50 Mikrogramm Feinstaub in einem Kubikmeter Luft, die seit 2005 in der entsprechenden EU-Richtlinie festgesetzt wurde und nur an 35 Tagen im Jahr überschritten werden darf. Städte wie Stuttgart, München und Düsseldorf müssten bei solchen Werten wie in der Silvesternacht für den Verkehr dicht-machen, doch zum Glück dauert diese Feinstaubüberlastung nicht lange an. Schon wenn die ersten Partygäste am frühen Neujahrsmorgen ins Bett fallen, herrscht wieder deutlich bes-sere Luft.

Farborgie am Nachthimmel: Wie entsteht das Polarlicht?

Nur im tiefsten Winter hat man dort, wo die Sonne zwei Monate lang nicht mehr aufgeht, die besten Chancen, das Polarlicht zu sehen. Allerdings muss der Himmel dazu klar sein, was im hohen Norden eine eher unsichere Sache ist. Daher gibt die Universität von Tromsø, nördlichste Uni der Welt und zugleich Hochburg der Polarlichtforschung, allen Nordlichtsuchenden den guten Tipp, sich mindestens einen Monat lang Zeit für einen Aufenthalt im nördlichen Polarkreis zu nehmen. Dann, so die Versicherung, sehe man das Polarlicht garantiert.

Wer nicht so weit reisen will, der besucht Hamburg: Auch dort ist in rund zwei Nächten im Jahr das Nordlicht zu sehen, allerdings nur als äußerst schwacher und zudem stark rotstichiger Abklatsch des farbsatten Himmelsspektakels, das in tiefster echter Polarnacht zu sehen ist. Wenn Sie auf den Polarlichtsuchspuren des bekannten Reisebuchautors Bill Bryson unterwegs sein wollen, besteigen Sie in Oslo den Bus und erreichen nach einer rund 30-stündigen Fahrt den über 2000 Kilometer entfernten Ort Hammerfest, der lange Zeit als die nördlichste Stadt der Welt galt. Dort herrscht vom 22. November bis zum 21. Januar dunkle Nacht – wie gemacht für das Polarlicht. Dann heißt es nur noch warten, bis es endlich erscheint.

Das Polarlicht ist nämlich ein etwas unzuverlässiger Bursche, der nur zu beobachten ist, wenn auf der Sonne heftige Stürme toben. Dann bewegt sich ein gewaltiger Strom aus Elektronen und Protonen, Überbleibsel der kernphysikalischen Reaktionen auf unserem Licht- und Wärmespender, mit Geschwindigkeiten von bis zu 800 Kilometern in der Sekunde als Sonnenwind von der Sonne zur Erde. Erreichen diese elektrisch geladenen Teilchen das irdische Magnetfeld, fließt ein Großteil von ihnen an der Erde vorbei – so wie das Wasser in einem strömenden Bachlauf um einen Felsen. Einige Elektronen und Protonen aber durchbrechen das schützende Magnetfeld rund um die magnetischen Pole der Erde – deshalb auch die empfohlene Reise in die Nachbarschaft des Nordpols – und erreichen die irdische Atmosphäre. Dort stoßen sie mit den Luftmolekülen Stickstoff und Sauerstoff zusammen, weniger häufig auch mit Kohlenstoffdioxid und anderen Atmosphärengasen. Die Elektronen dieser Moleküle werden durch den Energieschub der elektrischen Sonnenwindteilchen kurzzeitig auf höhere Niveaus geschoben und geben die Energie dann beim Zurückfallen auf ihr ursprüngliches Energielevel wieder ab – als farbiges Licht.

Je nachdem, welche Luftmoleküle von den himmlischen Minibomben getroffen werden, entsteht andersfarbiges Licht: Ein getroffenes Stickstoffmolekül erzeugt blaues und violettes Licht, die Kollision mit einem Sauerstoffmolekül ergibt grünes oder rotes Licht. Am Himmel sind dann transparente, sich langsam wie Rauch ausbreitende Gaswolken oder im leichten Wind sich bewegende Vorhänge aus schimmernden Spinnfäden zu sehen, die in den verschiedensten Regenbogenfarben mit Rosa-, Grün-, Blau- und blassen Violetttönen wie ölige Benzinlachen schillern. Das ist das Polar- oder Nordlicht! Manchmal erscheinen auch glitzernde Lichtspeere am Firmament. Jede leuchtende Wolke, jede Gardine sieht anders aus – es ist ein Farbspektakel der Sonderklasse.

Interessanterweise meinen alle Menschen, die Zeuge dieses Naturschauspiels wurden, dass es sich direkt über ihren Köpfen ereignet habe. Nichts lässt erahnen, dass sich das Polarlicht in 100 oder gar 500 Kilometern Höhe bewegt und damit in sehr viel größeren atmosphärischen Höhen als die höchsten Wolken (siehe S. 16). Und doch war diese Tatsache schon britischen Naturwissenschaftlern am Ende des 18. Jahrhunderts bekannt. Einige Jahrzehnte zuvor hatte der berühmte Astronom Edmond Halley (1656–1742), nach dem der Komet Halley benannt wurde,

herausgefunden, dass das Polarlicht etwas mit dem Magnetfeld
der Erde zu tun haben müsse. Das war's aber auch schon, was man
bis zum Start der ersten Raumsonden vor rund 50 Jahren über
die tatsächliche Ursache der *Aurora borealis* wusste. Leider, denn
anstatt sich an den herrlichen Farbspielen am dunklen Nachthimmel zu erfreuen, ließen sich die Menschen von den unheimlichen Vorhängen am Firmament über viele Jahrhunderte hinweg
in Angst und Schrecken versetzen, sahen sie darin doch Vor-
boten von drohendem Unheil, Kriegen, Tod und Zerstörungen.

Kontrastprogramm: Warum sind Wolken mal hell, mal dunkel?

Kurz zum Himmel geschaut, schon findet man die Antwort:
Sind die Wolken herrlich weiß, so kann der Schirm zu Hause
bleiben. Sind sie allerdings dunkelgrau, nimmt man besser den
knirpsigen Regenschutz mit.

Wolken bestehen aus Eiskristallen und/oder aus mehr oder
weniger großen Wassertröpfchen (siehe S. 21). In gewöhnlichen
Wolken sind diese Teilchen winzig klein. Sonnenlicht, das auf
oder durch solch eine Wolke fällt, wird an den kleinen Teilchen
gleichmäßig gestreut und verlässt komplett die Wolke wieder.
Dadurch erscheinen diese Wolken weiß.

Anders bei den Regen- oder Gewitterwolken, die sich am
Himmel zusammenbrauen. Sie sind durch die Unmengen von
bis zu 6 Millimeter großen Wassertropfen so kompakt, dass das
daraufscheinende Sonnenlicht nicht bis zur Unterseite der Wolke
durchdringen kann. Dadurch sehen diese Wolken von der Erde
aus betrachtet dunkelgrau oder gar schwarz aus. Nur aus dem
Flugzeugfenster erscheinen auch die dicksten Regen- und
Gewitterwolken strahlend weiß, denn aus dieser Perspektive über
den Wolken wird das Sonnenlicht an deren Oberfläche reflektiert.

Wenn wir schon zu den Wolken blicken, die wie Schäfchen am Himmel vorüberziehen oder grau daherwabern, lohnen sich ein paar weitere Gedanken, etwa: Wie schwer sind eigentlich Wolken? Aus dem Bauch heraus würde man im Brustton der Überzeugung sagen: federleicht. Doch was ist dran an der Vorstellung der „Wattewolke"?

Ein Kubikmeter Wolke enthält zwischen 1 und 5 Gramm Wasser. Klar, die sind ja nun wirklich nicht der Rede wert. Eine typische kleine Schönwetterwolke vom Cumulus-Typ mit einer Länge und Breite von jeweils 150 Metern und einer Dicke von 25 Metern kommt auf ein Gewicht von über 560 Kilogramm – ob das wohl noch unter „federleicht" läuft? Gewitterwolken bestehen aus großen Tropfen und Eis. Selbst eine kleine Gewitterwolke kann locker Raummaße von 300 Metern Länge und Breite und eine Dicke von 4 Kilometern erreichen: Sie bringt es dann so auf schlappe 1800 Tonnen, so viel wie viereinhalb voll beladene Jumbojets. Richtig große Gewitterwolken, die bis in zehn Kilometer Höhe reichen, wiegen dann auch schon mal 100 000 Tonnen. Federleicht, nicht wahr?

Spitzlichter: Wo brennt das Feuer von St. Elms?

„Eine geisterhafte Flamme tanzte zwischen unseren Segeln und strahlte dann später ruhig wie Kerzenlicht hell vom Mast herunter", schrieb Christoph Kolumbus während seiner zweiten Seereise im Jahr 1494 auf der Suche nach dem legendären Goldland in sein Bordbuch. Nicht nur Kolumbus, auch Ferdinand Magellan, Charles Dickens und viele andere Seefahrer und Forschungsreisende haben auf ihren abenteuerlichen Fahrten über die Weltmeere geisterhafte Lichter an den Aufbauten ihrer Schiffe gesehen und in den Chroniken dokumentiert. Nach dem italienischen Heiligen San Elmo hat man die unheimlichen

Leuchterscheinungen an den Mastspitzen „St.-Elms-Feuer"
genannt. Hinter dieser Bezeichnung verbirgt sich der katholische
Bischof und Märtyrer Erasmus von Antiochia (ca.
240–303),
der zu den Zeiten der großen Seefahrer sozusagen der Bord-
heilige und Beschützer der Seeleute war.

Heutzutage entdecken außer Hochseeseglern vor allem die
modernen Luftfahrer die gespenstig flackernden, scheinbar aus
dem Nichts erscheinenden Lichter – allerdings nicht an den
Mastspitzen, sondern an ihrem Flugzeug. Auf der Internetseite
YouTube können sogar Sie, bequem am Bildschirm Ihres PCs
sitzend, live im Cockpit eines KC-135-Tankflugzeugs dabei sein
und die flackernden Lichtpunkte des Elmsfeuers auf den Front-
scheiben erleben, aufgenommen während eines Flugs zwischen
einem tobenden Gewitter und der iranischen Grenze, weswegen
das Flugzeug keinen Ausweichkurs fliegen konnte. Nach Aus-
sage der beiden Piloten habe sich in kurzer Zeit das ganze Flugzeug elektrisch aufgeladen und in blauem Licht geleuchtet.

Doch was verbirgt sich in Wirklichkeit hinter dem rätsel-
haften Elmsfeuer? Physikalisch gesehen sind diese Leuchterscheinungen schwache Dauerblitze. Sie treten bei gewittrigen
Wetterlagen mit hohen elektrischen Spannungen meist an
herausragenden Spitzen wie Schiffsmasten, Gipfelkreuzen,
Kirchtürmen, Flugzeugnasen oder -tragflächenspitzen auf. Die
enormen elektrischen Ladungen erzeugen an diesen exponierten
Bauteilen so hohe elektrische Feldstärken, dass Strom zwischen
ihnen und der geladenen Luft fließt. So entsteht das flammen-
ähnliche, bläulich flackernde Licht, das sogar über eine Minute
andauern kann. Piloten beschreiben das Elmsfeuer eher wie
einen bläulichen, verzweigten Blitz, der wie Kinderhände über
die Cockpitscheiben krabbelt.

Obwohl ein St.-Elms-Feuer unter den Seeleuten eher Freude
als Entsetzen auslöste, weil sie sich beim Auftauchen des blauen
Lichts doch vom heiligen Elmo persönlich geschützt und dem

Ende des Unwetters nahe wähnten, ist die Sache hochgefährlich, denn es besteht große Gefahr für einen Blitzeinschlag. Möglicherweise wurde das große Luftschiff *Hindenburg* (LZ 129) vor über 70 Jahren in Lakehurst ein berühmtes Opfer dieses Naturphänomens. Daher lautet die Empfehlung heute: Nichts wie weg von dem Ort, wo ein Elmsfeuer auftritt!

Die Nase irrt: Der Duft des Regens

Mehrere Tage hat es schon nicht mehr geregnet, die Bäume und Kräuter lechzen in der trockenen Sommerhitze nach Wasser – aber irgendwann endlich fallen die buchstäblich heiß ersehnten Tropfen vom Himmel. Und da ist auch wieder unverkennbar dieser typische Duft nach Regen, der von jedem Fleckchen feuchten Erdbodens in die Höhe steigt und bald die ganze Luft erfüllt. Kindheitserinnerungen werden wach, und eine gewisse Leichtigkeit macht sich breit: Es regnet! Selbst den Bauernregeln ist der unverkennbare Regenduft bekannt: „Haben viele Dinge einen Geruch, so kommt Regen zu Besuch." Das Ganze führt uns aber in gewissem Sinne an der Nase herum, denn der Regenduft kommt gar nicht von oben, sondern von unten.

Weinlyriker würden den Geruch bei Regen vielleicht so beschreiben: „Duft nach frisch umgegrabener Erde und nassem Staub mit leichter Muffnote, fein-würzig, gehaltvoll, der Abgang wird durch ein dumpf-schimmeliges Aroma abgerundet." Prosaische Chemiker benennen den erdig-muffigen Regenduft dagegen nur mit einem einzigen Wort: Geosmin. Diese natürliche Alkoholverbindung produzieren einige Bakterien und Streptomyceten (das sind bestimmte Schimmelpilze), die natürlicherweise in jedem Erdboden vorkommen – allerdings nur, wenn sie voll im Leben stehen. Bei Trockenheit stellen diese winzigen Bodenbewohner nämlich sämtliche Lebensaktivitäten ein und ruhen, bis der nächste Regen fällt. Dann leben sie auf, starten ihren Stoffwechselmotor mit Vollgas – und die „Abgase" sozusagen sind dann eben jene Wolken aus Geosminen. Dauert der Regen allerdings länger an, so verschwindet der Regenduft wieder, denn die Duftpartikeln werden von jenem segenbringenden Nass schließlich in den Gully gespült. Da die Bodenflora auch bei kühlen Temperaturen ruht, wissen Sie nun, warum es im Winter nicht nach Regen duften kann.

Interessanterweise ist das menschliche Geruchsorgan genauso hochsensibel für Geosmin wie für Veilchen- und andere Blütendüfte und nimmt schon ein einziges Duftpartikelchen unter zehn Milliarden anderen wahr. Da stellt sich dann doch sofort die Frage nach dem Wieso und Warum und öffnet Tor und Tür für verschiedene Spekulationen rund um den ältesten der menschlichen Sinne: Sollte ein nach Geosmin riechendes Lager etwa die nasale Warnlampe auf Rot schalten und den steinzeitlichen Menschen vor einer möglichen Kontaminierung mit Schimmelpilzen warnen? Achtung, Krebsgefahr! Oder überlebten etwa nur mehr Menschen in der ostafrikanischen Wiege der menschlichen Entwicklung, weil sie ihrer geosmin-schnüffelnden Nase folgen und so das lebensnotwendige Wasser finden konnten, während die geosmin-tumben Artgenossen leer ausgingen? Wer weiß – vielleicht ist der geringe Geruchsschwellenwert für bestimmte Bakterienausdünstungen auch einfach nur eine Laune der Natur.

Potzblitz und Donnerwetter: Was ist los in der Gewitterwolke?

Ein heftiges Sommergewitter mit zuckenden Blitzen und grollendem Donner ist sicherlich eines der beeindruckendsten Naturspektakel – wenn man es aus der relativ sicheren Wohnzimmerperspektive erlebt. Von einer solchen dramatischen

Inszenierung im Freiland oder gar im Gebirge überrascht zu werden, ist zwar ungleich aufregender, aber auch deutlich gefährlicher. Dann brechen erst recht Urängste auf, die dem Gewitter schon von alters her eine unheilvolle Rolle in allerhand Mythen zugewiesen haben. Früher empfanden die Menschen ein Gewitter als göttliches Grollen: Wenn die himmlischen Heroen erzürnt den Hammer schwangen, stoben sichtlich die Funken aus den Wolken. Seltsamerweise sehen heute viele Menschen die Blitze eher als amüsantes himmlisches Feuerwerk an und fahren erst dann erschrocken zusammen, wenn der Donnerschlag folgt, obwohl dann die wirkliche Gefahr schon längst vorüber ist.

Spätestens seit den irrwitzigen, weil lebensgefährlichen Versuchen von Benjamin Franklin (1706–1790), der 1752 einen Drachen in eine Gewitterwolke aufsteigen ließ und prompt eine Entladung auslöste, weiß man, dass Blitze elektrische Erscheinungen sind. Im Prinzip sind sie von der gleichen Natur wie der Funkenschlag im knisternden Kleidungsstück (vgl. S. 94). Wie beim Miniaturgewitter in der aufgeladenen Garderobe, die man dem erstaunten Publikum schon in den Salons der Barockzeit vorführte, muss ein Ladungsträger vorhanden sein, der gewaltig unter Spannung steht. Gewöhnlich ist das eine geladene Gewitterwolke, denn einen „Blitz aus heiterem Himmel" gibt es zumindest in der wetterwirksamen unteren Atmosphäre nicht. Nicht ganz einfach ist nun zu erklären, wie die elektrische Ladung überhaupt in die Wolke gelangt. Manche Atmosphärenphysiker glauben, eine recht brauchbare Erklärung zu haben. Andere sind eher der Ansicht, die Aufladung einer Wolke sei in wesentlichen Teilen noch unverstanden und die unterdessen angesammelten Theorien beschrieben eher Nebeneffekte. Unbestrittene Tatsache ist, dass auf jeden Fall noch eine Menge Forschungsbedarf besteht. Wenn der experimentelle Umgang mit Blitzen bloß nicht so ungesund wäre …

Tragen wir einige anerkannte Fakten zusammen. Zur Entstehung einer kräftig geladenen Gewitterwolke benötigt man mit hoher Geschwindigkeit aufsteigende feuchtwarme Luft. Beim Aufsteigen in höhere und deswegen kältere Luftschichten bilden sich durch Kondensieren kleine Nebeltröpfchen. Beim weiteren Aufstieg gefrieren diese zunächst zu kleinen Reifgraupeln, die – wenn sie erst schwer genug geworden sind – in der Wolke zu sinken beginnen, dann aber aufsteigende Tröpfchen einfangen, sich dabei vergrößern und schließlich zu Graupeln bzw. Hagel-körnern anwachsen.

Nun besteht in der Erdatmosphäre ständig ein schwaches, aber messbares elektrisches Feld mit Feldstärken von etwa 130 V/m. Dieses Feld bewirkt in den aufsteigenden Nebel- bzw. Wassertropfen einer sich bildenden Wolke eine Trennung der positiven und negativen Ladungen. Die Ladungstrennung bleibt erhalten, wenn die Tropfen schließlich zu Reifgraupeln bzw. Graupeln oder Hagelkörnern erstarrt sind. Ab einer gewissen Masse werden diese trotz der turbulenten Aufwinde in einer Wolke nicht mehr nach oben gerissen, sondern beginnen zu fallen. Dabei reiben sich die großen Eiskörner einerseits an der vorbeiströmenden Luft mit deren kleinen Nebeltröpfchen, andererseits aber auch an kleineren Eispartikeln, die mit den Aufwinden in die Höhe streben. Bei der Reibung übernehmen sie ständig Elektronen. Ähnlich wie beim Schlurfen über den Teppich tauschen die kollidierenden Teilchen durch Reibungs- bzw. Kontaktelektrizität (vgl. S. 94) Elektronen aus und bauen so gewaltige Spannungen auf. Die Teilchenströme in einer tem-peraturbedingt hochturbulenten Gewitterwolke ähneln also einem gigantischen Bandgenerator, mit dem Ergebnis, dass der untere Teil einer aufschießenden Haufenwolke (meist) negativ geladen ist, der obere Teil positiv. Die dadurch verursachte Span-nung kann mehrere Millionen Volt betragen.

Beim Blitzschlag gleichen sich nun die aufgetretenen Ladungsunterschiede (Potenzialdifferenzen) schlagartig aus – meist durch 3 bis 7 Kilometer lange Blitze zwischen den Wolken und deutlich seltener durch die 1 bis 3 Kilometer langen Blitze zur Erde. Ausnahmsweise kann die Wolkenpolarität auch so beschaffen sein, dass der Blitz von der Erde in die Wolke fährt.

Dem eigentlichen Blitz geht eine nur sehr schwach leuchtende Vor-, Führungs- oder Leitentladung voraus: Freie Elektronen bewegen sich mit etwa 30 Prozent der Lichtgeschwindigkeit zum positiv aufgeladenen Teil der Wolke oder zur Erde. Wegen der hohen Geschwindigkeit – man nennt sie deswegen auch Runaway-Elektronen – rempeln sie zahlreiche noch neutrale Teilchen in der Luft an, aus denen durch den Zusammenprall weitere Elektronen hinausgekickt werden. Diesen Vorgang bezeichnet man als Stoßionisation. Schließlich ist die Luft von Kanälen ionisierter Teilchen und Elektronen so durchsetzt, dass sie bahnenweise elektrisch leitend wird und damit – in der Sprache der Physik – ein Plasma darstellt. Eine solche Bahn dient nun als Blitzkanal, der zunächst einen Durchmesser von nur 1 Zentimeter aufweist. Er wächst mit etwa 1 Kilometer pro Sekunde stufenweise in Abschnitten von bis zu etwa 100 Metern Länge, baut sich in nur 0,01 Sekunden auf, verläuft gewöhnlich in Zickzack-Linien und ist fast immer verästelt. Dabei entsteht, wie man erst seit 2004 weiß, auch Röntgenstrahlung.

Jetzt ist der Weg für den Hauptblitz vorbereitet. Innerhalb der nächsten nur etwa 0,0004 Sekunden erfolgt der eigentliche Ladungsausgleich, bei dem negative Ladung von Wolke zu Wolke oder von einer Wolke zur Erde geführt wird. Der typische Blitzschlag ist also ein Negativblitz. Bei diesem Vorgang werden die Luftmoleküle energetisch so stark angeregt, dass sie ein helles Licht aussenden. Gleichzeitig dehnt sich die Luft im Blitzkanal durch Erhitzen auf bis zu 30 000 °C stark aus und explodiert sozusagen. Diesen Effekt hören wir als Donner – nahe am Geschehen als scharfen Knall, weiter weg eher als Grollen. Es ist fast wie im richtigen Leben: Kleinere und größere Reibereien führen zu Spannungen und dann folgt eine heftige Entladung.

Irdische Zwischenfälle
ganz und gar
nicht bodenständig

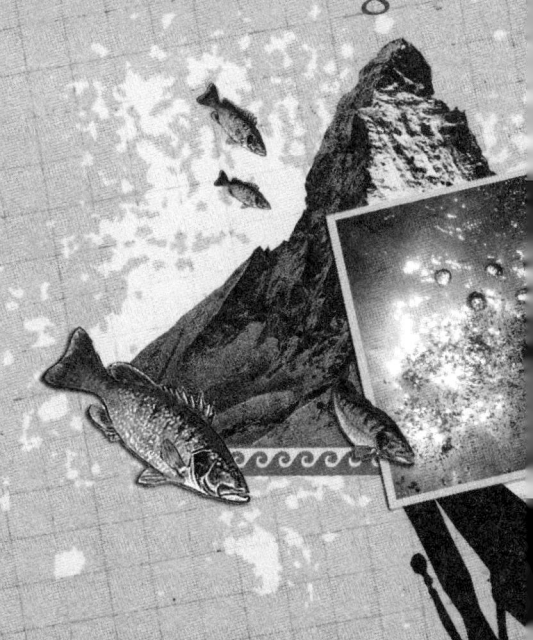

Abgedreht: Luft und Wasser auf krummen Touren

Früher vermittelte man Wetterlage und Wetternachrichten anhand komplizierter Wetterkarten, die mit allerhand geheimnisvollen Symbolen für Luftdruck, Windrichtungen, Temperaturen und Niederschlagsformen arbeiteten und selbst in gebildeten Kreisen bei der Zeitungslektüre gerne übergangen wurden. Heute sind per Mausklick ins Internet aktuellste Satellitenaufnahmen von jedem Erdenwinkel zu sehen, die schon auf den ersten Blick die Verteilung und wahrscheinlichen Zugbahnen von Wolkenfeldern zeigen. Für ganz Eilige gibt es zusätzlich auf wenige Piktogramme reduzierte Ansagen mit Thermometer, Sonne, Wolken, Regentropfen oder Schneeflocken. Für die morgen früh fällige Garderobenwahl reicht das gewiss aus. Mindestens genauso zuverlässig ist ein Blick aus dem Fenster am nächsten Morgen.

Aus den etwas differenzierteren Nachrichtenmedien ist allgemein bekannt, dass das Wettergeschehen von Hoch- und Tiefdruckgebieten bestimmt wird. Der Durchzug eines Tiefdruckgebietes muss jedoch keineswegs immer Schlechtwetter bedeuten, und ein Hochdruckgebiet garantiert umgekehrt auch nicht unbedingt eine Schönwetterperiode, denn an der Entstehung von Wetter sind viele weitere und auf komplizierte Weise zusammenhängende Faktoren beteiligt.

In der wetterwirksamen unteren Etage der Atmosphäre, der Troposphäre, treten Abweichungen vom durchschnittlichen Luftdruck meist nur zwischen 880 (Tiefdruck) und 1080 Millibar (Hochdruck) auf. Für ein ausgeprägtes Tiefdruckgebiet ist in Fachkreisen auch die Bezeichnung „Zyklone" verbreitet. Ein Hochdruckgebiet ist folglich eine Antizyklone. Die zwischen diesen Gebieten herrschenden Druckdifferenzen setzen jeweils leichtere oder heftigere Winde in Gang. Wenn sich dadurch ein Luftstrom vom Hoch- in ein Tiefdruckgebiet bewegt, legt er gegebenenfalls einen weiten Weg über mehrere Breitenkreise zurück. Nun bewegen sich die Winde eigenartigerweise niemals ganz genau geradlinig, sondern erfahren durch die Erdrotation eine Ablenkung. Weil die Erde sich von West nach Ost dreht, werden die Luftströmungen ebenfalls in diese Richtung umgeleitet. Die Ablenkung zwingt sie beim Einströmen in das Zentrum eines Tiefdruckgebietes auf eine charakteristische Spiralbahn, die man auf Satellitenbildern (und genaueren Wetterkarten!) als Wolkenwirbel ablesen kann. Auf der Nordhalbkugel verläuft diese Zugbahn-Spirale der Wolken führenden Luftströmungen immer gegen den Uhrzeigersinn, während sie auf der Südhalbkugel die entgegengesetzte Richtung einschlägt. Auch die aus einem Hochdruckgebiet abströmenden Luftmassen sind von der Ablenkung betroffen; allerdings sind die Richtungsverhältnisse hier genau umgekehrt: Ihre Bahnspirale dreht sich auf der Nordhalbkugel immer mit dem Uhrzeigersinn (Rechtsdrehung), während sie auf der Südhalbkugel dagegenhält.

Die relativ komplizierten Bewegungsmuster von im Prinzip geradlinigen Abläufen in einem rotierenden Bezugssystem hat erstmals der französische Mathematiker Gaspard Gustave de Coriolis (1792–1843) in seinem Todesjahr genauer erforscht und berechnet. Die ablenkende Wirkung der Erddrehung nennt man nach ihm auch Coriolis-Kraft. Sie spielt bei vielen Bewegungen auf der Erde eine beträchtliche Rolle. So hat schon der deutsch-baltische Naturforscher Karl Ernst von Baer (1792–1876) am Beispiel der Wolga beobachtet, dass bei den in Nord-Süd-Richtung fließenden größeren Flüssen das östliche Ufer meist viel stärker erodiert ist als das flachere westliche und deswegen ein Steilufer ausbildet. Im Jahre 1860 erklärte er diesen Effekt, den man auch Baer'sches Gesetz nennt, zutreffend mit der Coriolis-Kraft. Dieser zusätzliche Kick durch die Erddrehung hat im Übrigen auch Auswirkungen auf Gleiskörper: Auf der ICE-Neubaustrecke Köln-Frankfurt drückt der rund 490 Tonnen schwere ICE 3 mit einer zusätzlichen Kraft von etwa 3 Tonnen gegen das östliche Gleis.

Die Drehrichtung der Wasserstrudel in der ablaufenden Badewanne ist entgegen einer weit verbreiteten Mär auf der Nord- und Südhalbkugel nicht einheitlich verschieden. Die Coriolis-Kraft beeinflusst sie nicht nennenswert, weil das Gesamtsystem Badewanne dafür einfach zu klein ist. Bei Meeresströmungen ist das anders. Der vor Nordamerika entstehende Golfstrom kommt nur deswegen in Europa an, weil ihn die Coriolis-Kraft quer über den Atlantik treibt.

Stars und Sternchen: Grenzenlose Aussicht ganz kostenlos

Der lang ersehnte Urlaub am Meer ist angebrochen und Sie genießen Ihr Zimmer mit Meerblick. Das Reisebüro hat diese besondere Blickachse zwar mit einem klaren Preisaufschlag verbucht, aber dafür bietet Ihnen die freie Sicht auf die weite See nun einmal etwas ganz Besonderes. Zugegeben: Das vor Ihnen liegende Szenerama ist zweifellos ungewohnt und fasziniert in jeder Hinsicht – aber tatsächlich ist es gar nicht so besonders prickelnd. Richtig aufregend ist nämlich nicht der Blick geradeaus, sondern nach oben. Der reicht nun wirklich gigantisch weit hinaus. Außerdem könnten Sie ihn auch zu Hause – und dazu noch ganz umsonst – genießen.

Die richtigen Größenverhältnisse sind eben auch nur eine Frage der Perspektive: Wenn unser irdischer Nachbar als nächtliche Lichtquelle am schwarzen Firmament erscheint, mag die kreisrunde Vollmondscheibe für die Mäuse zwar aussehen wie ein verlockender Käse, aber wir nehmen sie eher als Himmelskörper von etwa einem halben Winkelgrad Durchmesser wahr. Das hört sich nicht gerade großartig an, doch in Wirklichkeit ist die Mondscheibe 3476 Kilometer breit und im Durchschnitt 384 000 Kilometer entfernt. Auf der gerade leuchtenden, der

Sonne zugewandten Seite ist es gerade ungemütliche 120 °C heiß. Sollte sich der Mond nur als schmale Sichel zeigen, beträgt die Bodentemperatur in seinen beschatteten Partien nur etwa −130 °C, und auch diese Wärmetönung entspricht nicht unbedingt unserem Wunschprofil vom Klima am Urlaubsort.

Der Mond ist trotz seiner riesigen Distanz der nächste Nachbar der Erde. Zu den gut sichtbaren Planeten Merkur, Venus, Mars, Jupiter und Saturn sind die Entfernungen wesentlich größer. Bis zur untergehenden Sonne, die glutrot „im Meer" versinkt, sind es durchschnittlich rund 150 000 000 Kilometer – so weit, dass die mit rund 300 000 Kilometern in der Sekunde herbeieilende Strahlung etwas mehr als 8 Minuten lang unterwegs ist, um von der Sonnenoberfläche Ihre Haut zu erreichen und dort das Phänomen Urlaubsbräune hervorzurufen.

Noch viel weiter als Mond, Planeten und Sonne sind die Sterne von der Erde entfernt – ihre Abstände bemessen sich in Lichtjahren. Mizar, der helle Stern im Großen Wagen an der Stelle, wo die Deichsel abknickt, ist 78 Lichtjahre von der Erde entfernt. Sein kleinerer Begleiter Alcor, das berühmte Reiterlein und als solcher ein bekannter Augentest-Stern, ist 81 Lichtjahre weit weg. Lichtjahre sind eine Entfernungs- und keine Zeitangabe. Ein Lichtjahr ist die Strecke, die das Licht bei einer Ausbreitungsgeschwindigkeit von rund 300 000 Kilometern pro Sekunde innerhalb eines Jahres zurücklegt. Das sind $9,46 \times 10^{12}$ Kilometer oder das rund 10-milliardenfache der Entfernung zwischen Flensburg und Füssen.

Die am weitesten entfernte Struktur im Weltall, die Sie von einem abendlichen Strandausflug bei sternenklarem Himmel mit bloßem Auge gerade noch als milchig schimmerndes Scheibchen erkennen können, ist die berühmte Andromeda-Galaxie M 31. Dieses himmlische Objekt ist etwas mehr als 2 Millionen Lichtjahre entfernt und mit Unterstützung einer Sternkarte sehr leicht auffindbar. In konventionellen Größen beträgt der Abstand dieser Galaxie von Ihrem momentanen Urlaubsort etwa 180 200 000 000 000 000 000 Kilometer. Das Licht, das Sie gerade wahrnehmen, ist bereits seit mehr als 2 Millionen Jahren unterwegs. Wir blicken also tatsächlich in die sehr weite Vergangenheit. Als es von unserer Nachbargalaxie ausgesandt wurde, verschlechterte sich auf der Nordhalbkugel der Erde gerade das Klima, und das Eiszeitalter begann.

Der Schein trügt: Die Sonne als Spotlight

Es ist Wochenende. Der prüfende Blick geht zu den zerfransten, leicht unfreundlich und grau aussehenden Schichtwolken, die sich immer wieder vor die Sonne schieben. Ob denn die geplante Radtour mit Picknick am See tatsächlich stattfinden kann? Immerhin: Zwischen den Wolkenfetzen zeigt der Himmel viele blaue Stellen und vertreibt damit die Befürchtung eines dauerhaften Landregens. Dies könnte doch noch ein prächtiger Tag werden!

Das Wolkenbild ändert sich in den nächsten Stunden nicht wesentlich und verzaubert die Landschaft mit spektakulären Lichteffekten. Bündelweise brechen die verheißungsvollen Sonnenstrahlen durch die Wolkenlücken und senden nach allen Seiten schmale oder weite Lichtfächer aus, genauso wie eine Batterie Theaterscheinwerfer. Der gleiche Effekt ist zu beobachten, wenn man in einem Waldstück unterwegs ist. Spätestens jetzt wäre kritisches Nachfragen angesagt: Wie kommt es denn zu dieser seltsamen Bühnenbeleuchtung? Schließlich liegt die Sonne doch gar nicht direkt hinter den Wolkenfetzen oder Baumwipfeln, sondern ist von der Erde satte 150 Millionen Kilometer entfernt. Ihre Strahlen müssten demnach völlig parallel zueinander verlaufen und in dieser strikten Ausrichtung die Erde erreichen, statt nach allen Richtungen auseinanderzustreben wie die Sonnenstrahlen auf einer Kinderzeichnung.

Tun sie auch. Die Lichtbündel, die aus den Wolkenlöchern brechen, kommen nämlich gar nicht auf direktem Wege von der Sonne, sondern verdanken ihre Ausrichtung den stark beleuchteten höheren Wolkenschichten hinter bzw. über der untersten Wolkenkulisse. Beim Blick aus einem Flugzeug in knapp 13 Kilometern Flughöhe erscheint die lückenhafte oder geschlossene Wolkendecke tief unten wegen der massiv reflektierten Sonnenstrahlen grellweiß und damit so hell, dass man sie ohne Sonnenbrille gar nicht anschauen mag. Aus der Perspektive des erdgebundenen Beobachters schimmert diese heftigst beleuchtete Wolkenoberseite natürlich durch die dünneren oder löcherigen Stellen der unteren Wolkenanteile hindurch, weshalb es dann tatsächlich so wirkt, als hinge hinter den dicken und deswegen grau bis fast schwarz erscheinenden Wolkenfetzen ein gigantischer Scheinwerfer, der sein Licht in verschiedene Richtungen aussendet.

Bei den üblichen sommerlichen Schönwetterwolken ist der Scheinwerfer-Effekt der hellen Wolkenoberseiten nicht besonders gut oder oft auch gar nicht zu sehen. Wirklich eindrucksvoll zeigt er sich vor allem bei einer abziehenden Regenfront und damit bei Wolken, die schon deutlich in Auflösung begriffen sind.

Aufsteiger: Werden die Alpen jedes Jahr höher?

Ohne Alpen ginge es uns viel schlechter. Arktisch-eisige Nord- und tropisch-warme Südwinde würden ungebremst auf einer europäischen Tornado-Alley über uns hinwegbrausen. Bergsteiger, Ski- und Motorradfahrer müssten sehr weit reisen, um solch eine imposante Kulisse für ihren Sport zu finden, und die Heldentat von Hannibal mit seinen bedauernswerten Elefanten hätte auch nicht in die Geschichtsschreibung eingehen können.

Doch es gab auch eine Zeit vor den Alpen. Noch vor 150 Millionen Jahren befand sich dort, wo heute schroffe Felsen und steile Wände in die Höhe ragen, ein tropisch-warmes Meer mit Südseeklima – Bali mitten in Europa sozusagen. *Archaeopteryx*, der berühmteste Vogel Deutschlands, seines Zeichens Kriechtier im Urvogelmantel, lebte an den Ufern dieses Meeres. Gen Süden blickte er auf blaues Wasser, das sich bis zum Horizont und darüber hinaus erstreckte. Damals hätten nur Geologen erahnen können, dass es 15 Millionen Jahre später zu einem interkontinentalen Auffahrunfall der Extraklasse kommen würde: Afrika rauschte damals ungebremst auf den europäischen Kontinent. Bei diesem Crash gigantischen Ausmaßes wurde die europäische Kontinentalplatte in den Erdmantel gerammt, und die Gesteinsschichten falteten sich zu dem Gebirge auf, das heute der freien Sicht auf die Heimat von Pizza, Pasta und Prosecco im Wege steht. Welche beeindruckenden Kräfte dabei walteten, kann man an manchen alpinen Felswänden erahnen: Wie Knetplatten wurden ehemals ebene Sedimentschichten aus festen Gesteinen in die Höhe gehoben, gekippt, gefaltet, verformt, aufeinandergeschoben und sogar gewendet.

Noch heute sind die Folgen dieses Crashs spürbar. Die Knautschzone Alpen hebt sich in jedem Jahr um weitere ein bis zwei Millimeter an. Geht es in diesem Tempo weiter (und lässt man die Erosion aus dem Spiel), dann haben wir Europäer in 130 000 Jahren auch einen Fünftausender: den Mont Blanc. Doch das soll gar nicht so kommen, melden sich andere Forscherstimmen. „Weg mit den Alpen" sei die neue Perspektive: Das Durchleuchten dieses Hochgebirges mit neuen Messmethoden brachte nämlich nicht nur neue Erkenntnisse zu seinem Aufbau, sondern auch zu seinem langsam schwächer werdenden Wachstum aufgrund einer sich allmählich abschwächenden Bewegung Afrikas gen Norden. Und in 100 000 Jahren wäre es laut diesen Prognosen so weit: Dank Wind, Wetter und Wasser soll es dann tatsächlich die freie Sicht aufs Mittelmeer geben. Wer dann wohl an dessen Ufern leben wird?

Jetzt dämmert's: Warum wird es abends dunkel?

Die Frage, warum es nachts überhaupt dunkel ist, darf man in manchen Gesellschaftskreisen so gar nicht stellen, will man nicht riskieren, äußerst mitleidig belächelt zu werden. „Ist doch völlig klar", werden die meisten sagen, „nachts scheint bekanntlich keine Sonne, weil die natürliche Tageslichtquelle längst unter dem Horizont steht. Beim Sonnenuntergang ist es also gleichsam so, wie wenn man eine Lampe ausknipst."

Nun ja – aber sind da nicht die leuchtenden Sterne? Am wolken- und mondlosen Nachthimmel der Nordhalbkugel kann man mit bloßem Auge etwa 6000 Lichtpünktchen zählen, wenn es denn der helle Wahnsinn unserer künstlich beleuchteten Umwelt in Dörfern und Städten zulässt. Viel Licht bringen die aber offensichtlich nicht. Und genau darin liegt die Lösung des Problems.

Lange Zeit waren selbst ernst zu nehmende Wissenschaftler davon überzeugt, dass das Weltall unendlich groß sein müsse. Wenn das wirklich so wäre, müsste man beim Blick in den Nachthimmel in jeder Richtung logischerweise beliebig oder sozusagen unendlich viele leuchtende Sterne sehen. Das versammelte Licht unendlich vieler Sterne in jeder ausgewählten Sichtachse müsste sich jedoch zu einem geradezu gigantischen Beleuchtungsszenario aufsummieren, zumal deren Anzahl sogar noch mit dem Quadrat der Entfernung steigt. Eine solche nächtliche Lichtflut ist aber offensichtlich nicht der Fall. Selbst mit den stärksten astronomischen Fernrohren erblickt man – im Prinzip genauso wie mit den bloßen Augen – immer nur einzelne Lichtpünktchen und dazwischen jeweils ausgedehnte dunkle Bereiche.

Diesen seltsamen Sachverhalt bezeichnet man als Olbers'sches Paradoxon – benannt nach dem Bremer Arzt und Astronomen Heinrich Wilhelm Olbers (1758–1840). Obwohl etliche der nächsten sichtbaren Sterne ein Vielfaches der Leuchtkraft unserer Sonne aufweisen – beispielsweise die hell leuchtende Wega im Sternbild Leier im Zenit des sommerlichen Nachthimmels –, bringen alle Sterne zusammen keine unendlich große Helligkeit zustande, weil das Weltall eben eine endliche Größe aufweist und zwar viele, aber nicht unendlich viele Sterne enthält. Die Randzonen des heute sichtbaren Universums sind zwar buchstäblich astronomisch und unvorstellbar weit weg, aber dennoch in einer berechenbaren Entfernung. Diskutiert werden derzeit etwa 16 Milliarden Lichtjahre. Der dunkle, sternenübersäte Nachthimmel, der schon den berühmten Königsberger Philosophen Immanuel Kant (1724–1804) tief beeindruckte, gilt in Verbindung mit dem Olbers'schen Paradoxon als schlagkräftiger Beweis für die im Prinzip durchaus überschaubaren Abmessungen des Universums, wie sie das sogenannte Standardmodell der Kosmologie heute annimmt. Die schlichte Dunkelheit geht darauf zurück, dass nicht genügend viele Sterne existieren, und beweist, dass es unendlich große Entfernungen tatsächlich nicht gibt.

Stocksteife Strähnchen: Haariges aus eiskaltem Totholz

Eine seinerzeit sehr erfolgreiche Zeitschrift für Naturfreunde hatte einen Frage-Service eingerichtet, den die Leser nutzen konnten, um sich allerhand Unverstandenes aus der Natur erläutern zu lassen. Eine auffallend häufig gestellte und oft mit Fotos versehene Frage kreiste um die seltsamen weißen, nach Art einer Locke gekrümmten Haarbüschel, die aufmerksamen Spaziergängern im winterlichen Wald an Laubholzzweigen auffielen. Merkwürdige Formen an totem Holz lassen natürlich zunächst an irgendeinen Pilz denken, denn Pilzfruchtkörper können bekanntlich die verrücktesten Formen aufweisen, und mit der passenden Wortschöpfung „Silberlocken-Haarling" wäre auch

ein typischer Pilzname schnell gefunden. Die eigentümlichen
Gebilde trifft man jedoch ausschließlich nach einer knackigen
Frostnacht mit Temperaturen deutlich unter 0 °C an. Meist werden sie allerdings schlicht übersehen, weil die Beobachter sie für
einen Rest von Reifbelag in einer schattigen Waldecke halten.
Mit Reif und Eis ist man der Erklärung schon recht nahe, denn
tatsächlich schmelzen die zarten Löckchen auf der warmen
Handfläche fast augenblicklich zu Wasser. Die zunächst ver-
dächtigten Pilze haben aber tatsächlich ebenfalls ihren Anteil an
der Entstehung des Eisgewächses.

Eine erste Inspektion liefert folgende Erkenntnisse: Die
feinen Eishaare treten nur an toten und schon leicht modernden
Laubholz-Ästen aus, von denen die Rinde bereits abgefallen ist.
Noch genaueres Hinsehen zeigt, dass die Eishaare von winzigen
Öffnungen am bloßliegenden Holzkörper ausgehen. Holzana-
tomisch gesehen sind dies die Enden der horizontal durch das
Holz verlaufenden Markstrahlen, über die das innere Gewebe
der Äste mit der Rinde in direkter Verbindung steht. Markstrahlen managen also im lebenden Holz die stofflichen Ströme
zwischen Außen und Innen.

Die Markstrahlen sind nun die bevorzugten Wuchskanäle
für die Hyphen bestimmter Holz abbauender Pilze, darunter
beispielsweise Geweihkeulen, Zitterlinge und Drüslinge. Sie alle
bevorzugen Buchenholz, und winterliche Buchenwälder sind ein
aussichtsreicher Ort für die Eissträhnchen am liegenden Geäst.
Wenn die Hyphen die Markstrahlen völlig ausgeräumt haben,
besteht eine direkte offene Horizontalverbindung zwischen
Oberfläche und Astinnerem. Wenn bei Feuchtesättigung ein
solcher Ast kräftig durchfriert, dehnt sich das Wasser in seinem
Inneren wie bei jedem Gefriervorgang aus und presst dabei
feine Eisfäden durch die Markstrahlkanäle – ähnlich wie bei der
durchlöcherten Schablone einer Spaghetti-Maschine. In der
Technik kennt man diese Vorgänge als Strangpressverfahren.

Übrigens: Die erste zutreffende Beschreibung dieser aparten Naturerscheinung stammt vom berühmten Geophysiker und Polarforscher Alfred Wegener (1880–1930), der die seinerzeit noch heftig abgelehnte Theorie von der Drift der Kontinente entwickelte. Wegener berichtete 1918 von einem Haareis-Fund in den Vogesen und vermutete den Zusammenhang mit Pilzbefall der morschen Buchenäste. Es gelang ihm sogar, in der folgenden Frostnacht neue Haare an einem mitgenommenen Buchenzweig auf fast einen Zentimeter Länge nachzuzüchten.

Jenseits der Grauzone: Warum ist der Schatten manchmal blau?

Schatten kennt jeder. Egal, ob draußen die Sonne scheint oder im Zimmer die Lampe – alle zwei- und dreidimensionalen Körper werfen einen grauen Schatten.

Als Ende des 19. Jahrhunderts die Maler des französischen Impressionismus bunte Schatten in ihre flirrenden, vom Licht durchfluteten Landschaftsbilder malten, überwanden sie damit den Hell-Dunkel-Kontrast der barocken Malerei. Mit den farbigen Schatten wollten die Künstler den flüchtigen Augenblick lebendiger Szenen auf die Leinwand bannen. Als dann auch noch Henri Matisse einen grünen Gesichtsschatten auf ein Selbstporträt legte, war endgültig die Hölle los: Sein Galerist lehnte dieses Gemälde ab und gab es entsetzt zurück. Doch wie ist nun der Schatten in der Wirklichkeit – nur trist grau und schwarz oder gar leuchtend bunt?

Ein Schatten entsteht dort, wo kein oder nur ein Teil des Lichtes hinkommt. Der Kernschattenbereich empfängt kein Licht: Wo kein Licht auftrifft, ist es schwarz. Halbschattenräume treten nur dann auf, wenn es mehrere Lichtquellen oder eine sehr ausgedehnte etwa in Form einer langen Leuchtstoffröhre gibt. Dort ist es nicht ganz dunkel, denn der Halbschatten wird von einem Teil des Lichts erreicht. Darum ist er grau. Die Helligkeit im Halbschatten nimmt dabei vom Rand des Kernschattens zu dem des Halbschattens stetig zu. Beobachtungen zum schwarzen Kernschatten und dem Halbschatten mit seinen hellen bis dunklen Grautönen kann man leicht bei einem nächtlichen Spaziergang auf einem von Straßenlampen beleuchteten Weg machen.

Und an einem sonnigen Wintertag in schneebedeckter Landschaft sind die Schatten sogar tatsächlich blau. Dann wirkt der klare Himmel wie eine zweite Lichtquelle, die auch diejenigen Bereiche blau beleuchtet, die nicht vom Sonnenlicht erreicht werden. Selbst auf weiß gestrichenen Hauswänden kann man bei strahlend blauem Himmel bunte Schatten entdecken.

Die Impressionisten haben also gar keine Fantasiefarben auf ihren Bildern gemalt. Anders als viele ihrer schwarzsehenden Zeitgenossen waren sie einfach nur sehr genaue Beobachter von Licht und Schatten.

Sehfehler: Riesenmond und Riesensonne?

Sonne und Mond haben für die Menschen seit jeher eine ganz besondere Bedeutung. Die Sonne, die lebensspendendes Licht und Wärme auf die Erde bringt, wurde in vielen Kulturen als höchster Sonnengott Ra (Re), Aton, Helios oder Apollo verehrt. Selbst Könige wie der französische Ludwig XIV. nannten sich nach dem leuchtenden Zentralgestirn unseres Sonnensystems. Der Mond, als zweithellstes Objekt am Himmel, versinnbildlichte mit seinem wechselnden Gesicht Werden und Vergehen, Leben und Tod. Die Sichel im Outfit der Mondgöttinnen Isis, Selene und Luna war Symbol für Fruchtbarkeit und Weiblichkeit – auch die Muttergottes Maria wurde nicht nur von

Albrecht Dürer auf einer Mondsichel stehend dargestellt. Interessanterweise wurde in der deutschen Sprache die Sonne verweiblicht und der Mond vermännlicht, während in fast allen anderen Sprache *der* Sonne und *die* Mond der den beiden Gestirnen zugesprochenen Symbolik folgen.

Auch aus astronomischer Sicht besitzen Sonne und Mond eine ungewöhnliche Eigenschaft: Obwohl die Sonne so gigantisch viel größer ist, erscheinen sie aufgrund der unterschiedlichen Entfernungen zur Erde gleich groß: Beide „Scheiben" haben durchschnittlich einen Durchmesser von 32 Bogenminuten. Nur deshalb kann es überhaupt eine Sonnenfinsternis geben. Doch das ist ein anderes Thema. Bleibt man auf der Symbolebene, machen Sonne und Mond auch durch diese aus irdischer Sicht scheinbar gleiche Größe seit jeher die harmonische Balance der beiden Geschlechter sichtbar und verkörpern einen Zustand, den wir Menschen auf der Erde noch lernen müssen.

Sonne und Mond verbindet aber noch mehr. Beide scheinen als Riesenmond und Riesensonne auf- und unterzugehen. Misst man nun die Durchmesser dieser Himmelskörper im Tages- oder Nachtlauf, so stellt man fest, dass sie stets gleich bleiben – der Durchmesser der Sonne ist beim Aufgang genauso groß wie beim Stand im Zenit oder beim Untergang. Die vergrößerte Gestalt ist somit eine reine optische Täuschung. Diese könnte daher rühren, dass wir den Himmel über uns nicht als Halbkugel empfinden, sondern als ein an der „Decke" abgeflachtes Gewölbe, das sich in Richtung Horizont weiter ausdehnt als zum Zenit hin.

Diese scheinbare Abflachung des Himmels kann man leicht selbst feststellen: Im Sommer erscheint es uns, als stehe die Sonne bei uns in der Mittagszeit fast im Zenit – tatsächlich befindet sie sich viel tiefer. Wenn man sich mit dem Rücken zur Sonne dreht und nun hoch zum Himmel schaut, ist man erstaunt, wie tief sich die Sonne in Wirklichkeit bei ihrem mittäglichen Höchststand befindet. Dasselbe funktioniert auch nachts mit einem Stern, der scheinbar im Zenit steht. Auch er steht tiefer am Himmel, als man glaubt.

Beobachtungen weisen darauf hin, dass die scheinbare Vergrößerung von Sonne und Mond in Horizontnähe auch damit zu tun hat, wohin wir bei welcher Körperhaltung schauen. Im Lauf seiner Entwicklung hat sich der Mensch perfekt daran angepasst, Entfernungen und Größen abzuschätzen, die vor ihm liegen. Die imaginäre Berechnung von Abständen beim Blick nach oben stand nicht auf dem Evolutionsplan: Das Gehirn verarbeitet Informationen durch den Abgleich mit früheren Seherfahrungen, und die sammelt es nun einmal vornehmlich in der Horizontalen. Schließlich schaut der aufgerichtete Mensch ja nach vorne und ist kein Himmelsgucker, wie es die unglückselige Geschichte vom Hans-guck-in-die-Luft so eindrücklich schildert. Auf der Strecke zwischen Betrachter und Sonnenuntergang liegen viele Anhaltspunkte – vorn beispielsweise eine Wiese, dahinter einige Häuser, dahinter wiederum eine Bergkette –, welche die gesamte Distanz in kleinere Etappen unterteilen und somit begreifbarer machen. Am Firmament fehlen solche Zwischenstationen, und unsere visuelle Wahrnehmung reagiert irritiert.

Interessanterweise lassen sich Menschen, die auf einem Auge blind sind, nicht über die wahren Größenverhältnisse hinwegtäuschen: Sie sehen weder den angeblichen Riesenmond noch die vermeintliche Riesensonne am Horizont. Auch mit zwei sehenden Augen kann man der Sinnestäuschung ein Schnippchen schlagen. Legt man sich nachts waagerecht auf eine Liege und schaut so in gewohnter Geradeaus-Richtung zum Vollmond hinauf, so erscheint er uns plötzlich viel größer, als wenn wir ihn stehend betrachten.

Dass beim Auf- und Untergang die Sonnen- und Mondscheiben selbst stark abgeplattet erscheinen, ist allerdings kein psychologisches, sondern tatsächlich ein physikalisches Phänomen. Nicht nur beim Übergang von Luft zu Wasser erfährt der Strahlengang des Lichts einen Knick (vgl. S. 91), sondern auch beim Gang durch die Erdatmosphäre. Besonders deutlich ist dies bei Sonne und Mond zu beobachten. Nähern sich die beiden dem Horizont, so verlieren sie ihre runde Gestalt und erscheinen oben und unten deutlich abgeflacht. Grund für diese Abflachung ist, dass die Strahlen vom unteren Rand der Himmelskörper einen längeren Weg durch die Atmosphäre zurücklegen müssen als die vom oberen Rand. Während die Strahlen der hoch am Himmel stehenden Sonne nur durch eine 10 bis 20 Kilometer dicke Luftschicht strahlen müssen, so sind es bei horizontnahem Stand mehrere Hundert Kilometer. Dadurch ist die Wegdifferenz des Strahlengangs vom oberen und unteren Rand in dieser Position erheblich und bewirkt, dass das Licht vom unteren Rand der Sonne stärker angehoben wird. Folglich scheint die Scheibe um etwa 20 Prozent abgeflacht.

Finstere Ferne: Die Farbe des Meeres am Horizont

Haben Sie sich schon einmal genauer angeschaut, wie Maler in ihren Gemälden das Meer malen? Vom Ufer zum Horizont hin wird die Wasserfläche meist dunkler. Die Maler haben wirklich genau hingeschaut, denn am Strand bietet sich Ihnen dieselbe Situation: Am Horizont ist das Meer tatsächlich am dunkelsten.

Klar, denken Sie nun vielleicht, dort ist das Meer ja auch am tiefsten und folglich am dunkelsten. Mit dieser Erklärung lägen Sie allerdings nur richtig, wenn Sie gerade aus dem Flugzeug auf die unter Ihnen liegende Meeresoberfläche schauen würden. Beim Blick vom Strand aus ist dies aber anders. Wäre die Wasseroberfläche des Meeres spiegelglatt, so könnten Sie nur in unmittelbarer Strandnähe auf den Grund sehen. Auf der restlichen Oberfläche würde sich der Himmel spiegeln und am Horizont sogar mit dem Himmel verschmelzen. Sie könnten dann nicht genau auseinanderhalten, wo das Meer aufhört und der Himmel beginnt. Solche Tage gibt es auch. Aber Meere sind höchst selten spiegelglatt. Meist türmen sich mehr oder weniger hohe Wellen auf und führen zu einer unruhigen, unebenen Oberfläche. Dann wird das Meer tatsächlich immer dunkler, je näher es dem Horizont kommt.

Dunkler werdende Farben haben stets damit zu tun, dass nicht mehr das ganze einstrahlende Licht an Ihre Augen gelangt, sondern nur ein Teil davon. Genau dies ist auch beim Meer der Fall: Durch die Wellenberge werden diejenigen Teile des Lichts abgeschattet, die auf den Rückseiten derselben und in den Wellentälern einstrahlen. Sie gelangen folglich nicht an Ihr Auge. Den Strandbesucher erreicht nur das Licht, das auf die zugewandten Seiten der Wellenberge fällt. Und dies ist eben nur ein Teil des Lichts.

Verrückte Verbindung: Das Wasser ist nicht ganz normal

Von der Regenpfütze bis zum Weltmeer, vom Rinnsal bis zum Amazonas – Wasser zeigt sich in unzähligen Formen und Dimensionen. Es ist beteiligt beim feuchten Schmatzer auf die Wange, wenn die Träne quillt oder sobald sich die Schweißperlen auf der Stirn sammeln. Selbst beim Biss in den saftigen Apfel oder wenn man nach einem durstlöschenden köstlichen Radler lechzt, ist es im Spiel. Wasser ist eine der wichtigsten Verbindungen, mit denen man nun wirklich ständig Umgang hat. Das Symbol H_2O ist zudem auch denjenigen bekannt, die sonst eher eine kritische Distanz zu den allgemein wenig beliebten chemischen Formeln kultivieren.

Weil Wasser ein solch alltäglicher Stoff ist, nimmt man seine außergewöhnlichen Eigenschaften meist gar nicht wahr. Eine der viele Fragen, die man an diese simple Substanz richten könnte, lautet schlicht und überraschend: Warum ist Wasser überhaupt nass? Falls Sie dieses Problem im Freundeskreis anschneiden, wird man Sie bestimmt mitleidig belächeln. Bleiben Sie standhaft und lassen Sie Ihre Runde um eine Erklärung ringen. Das Ergebnis ist womöglich erschütternd – Ihre Gesprächspartner werden es nicht wissen. Also ist jetzt ein kleines gedankliches Aquarobic zu den seltsamen naturstofflichen Eigenarten von Wasser angesagt.

Wie die meisten Stoffe kann auch Wasser die drei Aggregatzustände „fest", „flüssig" oder „gasförmig" annehmen. Dabei ist es aber der einzige Naturstoff, der in der Biosphäre tatsächlich in allen seinen natürlichen Zustandsformen vorkommt. Überwiegend begegnet es uns jedoch als Flüssigkeit. Ursache dafür ist der geradezu optimale Abstand zur Sonne (im Mittel ca. 150 000 000 Kilometer), der die irdischen Temperaturen gerade so einrichtet, dass das meiste Wassers flüssig vorliegt.

Seine feste Form, in der Alltagssprache Eis genannt, behält Wasser bei normalem Atmosphärendruck (1013,25 mbar) bekanntermaßen nur unterhalb und bis 0 °C. Oberhalb 100 °C besteht Wasser bei Normaldruck nur als Wasserdampf, also als Gas. Mit den beiden Fixpunkten 0 und 100 hat der schwedische Astronom Anders Celsius (1701–1744) im Jahre 1742 die heute nach ihm benannte Thermometerskala eingeteilt. Ursprünglich setzte er den Siedepunkt der Flüssigkeit Wasser mit 0 °C, den Schmelzpunkt von Eis mit 100 °C fest. Erst ein befreundeter Zeitgenosse, der Naturforscher Carl von Linné (1707–1778), kehrte diese kuriose Skala wenige Jahre später in die heute übliche Form um.

Dass der Naturstoff H_2O als Wasserstoff-Sauerstoff-Verbindung nun gerade zwischen 0 und 100 °C und damit praktischerweise exakt bei den irdischen Durchschnittstemperaturen flüssig ist, darf man als wirklichen Knüller ansehen. Bei der sehr ähnlichen Wasserstoff-Schwefel-Verbindung H_2S (Schwefelwasserstoff) ist das völlig anders: Diese Substanz schmilzt bereits bei −85,6 °C und siedet noch tief unter dem Wasser-Gefrierpunkt bei −60,8 °C. Schwefelwasserstoff ist also bei normalen Temperaturen immer gasförmig und kann so seine übel riechenden Eigenschaften voll zur Geltung bringen.

Angesichts des unterschiedlichen Verhaltens von H_2O und H_2S kommt ein leiser Zweifel auf, was die Größenverhältnisse der Molekularmassen beider Stoffe betrifft. Da der Aggregatzustand eines Stoffes von der Schnelligkeit seiner Moleküle abhängig ist und Moleküle mit größerer Masse nun einmal träger sind, müsste auch der Schwefelwasserstoff mit seiner vermeintlich größeren Molekularmasse die Daseinsform schwerfälliger wechseln. Stattdessen aber reagiert das Wasser wesentlich träger, was folgerichtig zu der Vermutung führt, dass seine aus der Formel H_2O abgeleitete Molekularmasse (18 = 16 + 2 × 1) in Wirklichkeit viel größer sein muss. Tatsächlich bilden die Wassermoleküle durch die nur ihnen eigenen besonderen Bindungskräfte große Molekül-Clubs, fachmännisch Cluster genannt. Wichtigste Akteure sind dabei die Wasserstoffatome. Sie bilden mit ihrem Bindungspartner Sauerstoff keine gerade Linie H–O–H, sondern vielmehr einen Winkel von rund 105°. Da sie also aus der Horizontalen deutlich verrückt und deswegen leicht geladen sind, können sie zwischen benachbarten Molekülen ganz einfach atomare Techtelmechtel anzetteln, die man Wasserstoffbrücken nennt. Die molekulare Masse eines solchen größeren Molekülverbands $(H_2O)_n$ beträgt somit nicht einfach nur 18, sondern ein Vielfaches davon, nämlich n × 18. Als größeres Molekülgebilde muss Wasser daher einen recht hohen Schmelzpunkt aufweisen. Der ist nun ausschließlich dafür verantwortlich, dass Ihnen auch jetzt nicht die Spucke wegbleibt.

Küchenchemie und
magische Momente
mit Molekülen

Sekt oder Selters: Vom Gaswerk im Champagnerkelch

Von der Kinderparty bis zum festlichen Bankett ist irgendein Blubberwasser, nämlich ein kohlensäurehaltiges Getränk, im Spiel: Entweder ist es Cola, Limo oder ein simples Sprudelwasser oder – dem feierlichen Rahmen angemessener – ein Cremant, Prosecco, Sekt bzw. Champagner oder was sonst so angenehm auf der Zunge prickelt. Die kulinarischen Qualitäten dieser Getränke von unterschiedlicher Noblesse stehen hier aber gar nicht zur Debatte. Bei aller Verschiedenheit haben sie eines gemeinsam: Es sind die feinen Gasbläschen, die im Glas aufsteigen, und die sind tatsächlich das eigentlich Faszinierende. Man kann sie natürlich auch in einem frisch eingeschenkten Bier studieren – egal ob Alt oder Kölsch, Pils oder Kristallweizen. Der Effekt ist im Prinzip immer der gleiche. Irgendwo an der Trinkgefäßwand bilden sich zunächst sehr kleine Bläschen, die sich alsbald ablösen und aufsteigen, dabei immer größer werden und schließlich an der Oberfläche unter vernehmlichem Knistern oder Rauschen zerbersten. Sicherlich hundert Mal gesehen – aber was geht hier wirklich vor? Für eine vollständige Analyse dieses Phänomens müsste man das geballte Wissen von Chemie und Physik mit allerhand schikanösen Formeln bemühen. Wir beschränken uns indessen lieber auf die wichtigsten Fakten.

Eine gewöhnliche Sektflasche steht unter einem Druck von etwa 6 Atmosphären (bar) – dreimal so viel wie in einem Pkw-Reifen. Deshalb knallt beim Öffnen der Korken. Unter Laborbedingungen müsste man beim Flaschenöffnen eigentlich eine Schutzbrille tragen. Im Sekt ist wie in den übrigen zitierten Getränken Kohlenstoffdioxid (CO_2) gelöst. CO_2 löst sich in Wasser etwa 40-mal besser als Sauerstoff, und unter erhöhtem Druck nach dem Henry'schen Gesetz sogar noch heftiger. Bei 6 bar sind in 100 Millilitern Sekt, der durchschnittlichen Füllung eines Glases, rund 0,7 Gramm CO_2 gelöst. Das sind rund 0,356 Milliliter. Nimmt man die durchschnittliche Größe eines Gasbläschens mit 0,5 Millimetern Durchmesser an – wegen der Wölbung des Glases und des dadurch verursachten Lupeneffekts erscheinen sie größer, als sie tatsächlich sind –, reicht diese Menge für etwa 5 Millionen Bläschen. Das meiste CO_2 verlässt das Sektglas zwar schon beim Einschenken als heftige Schaumwoge, aber ein paar Zehntausend Gasbläschen nehmen innerhalb der nächsten Minuten ihren Weg nach oben, weil die Flüssigkeit nun dem normalen Atmosphärendruck ausgesetzt ist und sich auf die neue Gleichgewichtssituation einrichtet.

Unter Druck ist das CO_2 in den Flüssigkeiten Cola, Sprudel, Bier oder Sekt nicht nur einfach gelöst, sondern reagiert mit dem Wasser (H_2O) zu Kohlensäure (H_2CO_3). Bei der Entgasung zerlegt sich die Kohlensäure wieder in CO_2 und H_2O. Daher müsste sich im Ablauf des Ausperlens der Säurewert (pH-Wert) des Getränkes in Richtung „alkalisch" erhöhen. Beim normalen Sprudelwasser ist das tatsächlich so, bei Sekt oder Champagner allerdings nicht, weil außer Kohlensäure auch noch Weinsäure beteiligt ist, die beim Verschwinden des CO_2 ihrerseits Protonen freisetzt und daher den pH-Wert weitgehend stabil hält.

Nach dem Öffnen der Flasche und der damit erfolgenden Druckentlastung stellt sich unter Druckangleichung mit der Umgebung ein neues Gleichgewicht ein. Die Gasteilchen hält es nicht länger in Lösung, sondern sie suchen nun mit einer eindrucksvollen Aufstiegskarriere sichtlich das Weite. Aber wieso tanzen sie ausgerechnet als Bläschen nach oben? Schließlich könnten sie auch einfach und undramatisch als Gasmoleküle aus der Flüssigkeitsoberfläche in die freie Atmosphäre entweichen. Tun sie auch, aber nicht nur das: Was die Gasmoleküle in der Flüssigkeit zusätzlich dazu bringt, sich individuenreich und auch energetisch betrachtet relativ aufwendig zu Gasbläschen zusammenzuballen, ist im Prinzip immer noch ein Geheimnis.

Die nach wie vor rätselhafte Geburt der Bläschen vollzieht sich erwiesenermaßen an feinsten Rauigkeiten (Inhomogenitäten genannt) der Trinkglasinnenseite. Man kann in einem blubberaktiven Glas die Entstehungsstätten der Bläschen mit einem Filzstift markieren, die Innenwand anschließend supersauber spülen und erneut ein bitzelndes Getränk einschenken. Die Bläschen entstehen an den nämlichen Stellen und perlen als senkrechte Kette auf. In Champagner, Prosecco und Sekt sind es ungefähr 30 Bläschen in der Sekunde, im Bier nur etwa 10. Diese Unterschiede erklären sich aus der unterschiedlichen Viskosität dieser Getränke. Ganz am Beginn ihrer Entstehung sind die CO_2-Bläschen nur etwa ein Zehntausendstel Millimeter groß, nehmen dann beim weiteren Aufstieg aber auf etwa 0,5 Millimeter Durchmesser beträchtlich zu.

Aber wieso wachsen sie eigentlich? Der Grund liegt in den Druckverhältnissen: In einem 0,5 Millimeter großen Gasbläschen sind bei Serviertemperatur und Normaldruck etwa $1,5 \times 10^{13}$ CO_2-Moleküle enthalten. In der umgebenden Flüssigkeit sind es in der gleichen Volumeneinheit (0,065 Kubikmillimeter) dagegen rund 4 Millionen Mal so viele. Die möchten dem Gedränge und Geschubse natürlich gerne entkommen und gehen daher recht bereitwillig in ein vorbeieilendes Gasbläschen mit seinem deutlich geringeren Gasgewimmel über. Beim Aufsteigen werden die Blasen immer schneller. Den Gesamtweg vom Sekt-, Bier- oder Colaglasboden (etwa 10 Zentimeter) bis zur Oberfläche legen sie in wenig mehr als einer Sekunde zurück.

Der Aufstieg eines CO_2-Bläschens endet an der Getränkeoberfläche mit einem Gewaltakt, nämlich einer Explosion. Aus Hochgeschwindigkeits-Filmaufnahmen platzender Bläschen weiß man, dass im Augenblick des Zerberstens aus dem ehemaligen Bläschen ein feiner Flüssigkeitsstrahl aufsteigt, weil sich am Grund der zusammenbrechenden Bläschenvertiefung ein Überdruck aufbaut und augenblicklich eine Minifontäne aufsteigen lässt. Diese zerlegt sich und schleudert mehrere kleine Jet-Tröpfchen fort, die einer klassischen Wurfparabel folgend davonfliegen. Bei seitlicher Betrachtung im hellen Licht kann man sie sehen und an der darübergehaltenen Handfläche auch (prickeln) spüren. Die zugrunde liegende relativ komplexe Physik dieses Vorgangs folgt einer sogenannten Rayleigh-Plateau-Instabilität, benannt nach dem bereits erwähnten Physiker Lord Rayleigh (vgl. S. 15) und dem nicht minder verdienstvollen belgischen Mathematiker Joseph Ferdinand Plateau (1801–1883). Beim Zerbersten werden zusätzlich Schallwellen freigesetzt, die natürlich nicht synchron entstehen und deshalb mit ihrem feinen, aber keineswegs monotonen Rauschen ein hübsches „Platzkonzert" darbieten.

Die blubbernden Bläschen in Sekt oder Selters – wären sie nicht ein geeigneter Anlass für ein prickelndes Gespräch an der Cocktailbar? Spätestens bei der Kerzenstory auf S. 68 sollte dann hoffentlich der Funke überspringen.

Heißschnelllauf: Wassertropfen auf der Herdplatte

Der buchstäbliche Tropfen auf dem heißen Stein ist ein geläufiges Bild für eine ziemlich nutzlose Maßnahme, obwohl er doch – wie eine alte Gärtnerweisheit betont – der Beginn eines ergiebigen Landregens sein könnte. Was den Tropfen auf dem aufgeheizten Pflaster so wirkungslos erscheinen lässt, ist sein fast augenblickliches Verdampfen. Nach dem Wechsel des Aggregatzustandes sind die Wassermoleküle, die zuvor den flüssigen Tropfen bildeten, auf und davon in die Atmosphäre und dann einfach nicht mehr zu sehen.

Nun sollte man erwarten, dass dieser Effekt immer auftritt, wenn ein Wasserspritzer auf einer heißen Unterlage landet. Dann lassen Sie doch einmal ein paar Wassertropfen auf eine eingeschaltete Herdplatte fallen. Im Unterschied zum Tropfen auf dem heißen Stein, der sich sofort verflüchtigt, flitzen die Spritzer nun sekundenlang wie von Geisterhand bewegt hin und her und werden dabei nur erstaunlich langsam kleiner. Was geht dabei vor?

Unter dem Wassertropfen bildet sich beim Erstkontakt mit der heißen Herdplatte sofort ein Dampfpolster. Es wölbt den Tropfen unten in der Mitte ein wenig auf, sodass der Wasserdampf seitlich nur schlecht entweichen kann. Der Wassertropfen sitzt nun berührungslos im Abstand von nur etwa 0,1 Millimeter auf diesem Polster und verhält sich wie ein Luftkissenfahrzeug. Da Wasserdampf wie jedes Gas ein relativ schlechter Wärmeleiter ist, wird der Resttropfen von der weiteren Wärmezufuhr aus der heißen Herdplatte gleichsam isoliert. Daher erfolgt sein restloses Verdampfen deutlich verzögert.

Diesen Sachverhalt hat als Erster der Mediziner Johann Gottlieb Leidenfrost (1715–1794), mehrfach Rektor der Universität Duisburg, in Mozarts Geburtsjahr (1756) beobachtet und beschrieben. Die Physik des flitzenden Wasserspritzers nennt man daher Leidenfrost-Phänomen oder Leidenfrost-Effekt. Leidenfrost war überzeugter Anhänger der aus der griechischen Antike übernommenen Vier-Elemente-Lehre und versuchte, die Entstehung von Erde aus Feuer und Wasser nachzuweisen. Mit den im damaligen Duisburger Trinkwasser reichlich gelösten Salzen, die nach dem Erhitzen natürlich als Verdampfungsrückstände bleiben, glaubte er den einleuchtenden Beweis für die Richtigkeit seiner Vermutung geliefert zu haben.

In der Grenzflächenphysik ist der Leidenfrost-Effekt mit seiner isolierenden Gasschicht bis heute von Bedeutung. Er erklärt beispielsweise auch, warum man tiefkalten flüssigen Stickstoff mit einer Temperatur von −196 °C gefahrlos über die Finger fließen lassen kann, ohne dass diese augenblicklich zu Eiszapfen erstarren.

Kalter Kaffee: Warum kühlt die Kanne ab?

Hunderte Male hat man den Vorgang erlebt, aber vermutlich noch nie näher ergründet: Warum in aller Welt bleibt die Wärme nicht, wo sie ist, und wieso kühlen eigentlich Kaffee, Kakao oder Tee schon nach wenigen Minuten so stark ab, dass man sie ohne Brandblasen an Zahnfleisch und Zunge genießen kann?

Dieses zugegebenermaßen ziemlich banal erscheinende Problem führt unversehens mitten in die Thermodynamik und damit jenen Teil der Physik, der sich mit Energiezuständen und ihren Umwandlungen befasst. Die beiden Hauptsätze der Thermodynamik sind sozusagen deren Rückgrat und zudem von beträchtlicher Tragweite für die gesamte übrige Physik. Der erste Hauptsatz sagt aus, dass Energie nicht verloren gehen kann – sie wechselt allenfalls ihre Form, ihre Wirksamkeit und ihren Aufenthaltsort. Der zweite Hauptsatz beschreibt, dass die Ordnungszustände der Materie mit der Zeit unaufhaltsam zu größtmöglicher Unordnung übergehen. Ein wundervolles Alltagsmodell dieser fundamentalen Naturgesetzlichkeit ist ein (zuvor) aufgeräumtes Kinderzimmer voller Spielsachen, in dem man zwei oder drei Vertreter der Filialgeneration eine Weile lang wirken lässt.

Ähnlich wie mit der anfangs hochgradigen Ordnung der sortierten Bauklötze im Kinderzimmer verhält es sich mit der Wärmeenergie in einer Kaffeekanne. Sie kann nicht an Ort und Stelle verbleiben, weil die heiße Kanne einen höheren Ordnungszustand darstellt als die kältere Umgebung. Folglich muss die Wärme in das Gesamtsystem „Umgebung" abfließen. Die Thermodynamik drückt diesen Sachverhalt oft auch so aus: Die Entropie im betrachteten System nimmt zu. Wegen dieser Kopplung mit dem Entropie-Begriff nennt man den zweiten Hauptsatz der Thermodynamik auch Entropie-Satz. Und der besagt, in einfachen Worten ausgedrückt, dass bei zwei sich berührenden Objekten, von denen eines heiß (Kanne) und eines kalt (Umgebung) ist, die Wärme eigenständig von Orten höherer Temperatur zu Orten geringerer Temperatur (mit größerer Unordnung) strömt, bis die Temperaturen beider Objekte angeglichen sind. Mit dem frisch aufgebrühten Kaffee heizt man also im Prinzip die Umgebung auf. In einem Wohnzimmer oder Café wird man diese Temperaturzunahme wegen der beteiligten Dimensionen allerdings nicht wahrnehmen können.

Bliebe noch zu klären, warum der Kaffee in der Tasse schneller abkühlt als in der Kanne. Dieser Effekt beruht auf den unterschiedlich großen Austauschflächen: Eine Kanne hat ein wesentlich günstigeres (nämlich kleineres) Oberflächen-Volumen-Verhältnis als eine Tasse und verliert deshalb ihren Wärmevorrat deutlich verzögert. Diesen interessanten Effekt hat die Natur schon vor ganz langer Zeit für sich entdeckt: Die in kalten Klimagebieten vorkommenden Vogel- und Säugetierarten sind immer deutlich größer bzw. voluminöser als ihre nächsten Verwandten in wärmeren Verbreitungsgebieten.

Feuerwerk: Warum kann man die Kerze auspusten, nicht aber die Ofenglut?

Kerzen auspusten ist ein beliebter Sport bei Jung und Alt: Während sich bei den jüngeren Jahrgängen die Anzahl der Geburtstagskerzen auf dem Kuchen noch übersichtlich gestaltet, fühlt man sich bei den älteren Semestern eher an eine Lichterprozession erinnert. Dennoch stellen sie sich der Herausforderung – obwohl es sicher kein gutes Bild abgibt, wenn die Mehrzahl der in Zehnerbataillons gruppierten Kerzen sich dem verröchelnden Auspusten mit kaum flackernder Flamme widersetzt und dann ein zweiter, wenn nicht gar ein dritter, laut inhalierter und dann hörbar ausgestoßener Atemzug vonnöten ist.

Dass eine Kerzenflamme überhaupt verlischt, ist erstaunlicherweise nur eine Frage des Luftdrucks, und der könnte gegebenenfalls auch von einem Paukenschlag oder einem Lautsprecher als Schallwellenüberträger stammen.

Ist die Flamme größer, braucht man auch einen entsprechend größeren Druck zum Löschen: Löschflugzeuge erledigen das mit vielen Tausend Litern Wasser, die auf einen Schlag auf das Flammenmeer einwirken. Auf diese Weise mit Lungenkraft ein Kamin- oder Grillfeuer zu löschen, gelingt indes nicht – ein Mensch ist nun mal ein Mensch und kein Blauwal. Der könnte locker mit einem Blas die Flammen auspusten, sogar aus zehn Metern Entfernung. Der Mensch hingegen mit seinem vergleichsweise läppischen selbst erzeugten Luftdruck schafft dabei das genaue Gegenteil: Statt diese zu löschen, versorgt er die glühenden Kohlen mit noch mehr notwendigem Sauerstoff und bläst diesen sogar tief in jeden kleinsten Glutwinkel hinein. Die Kohlen glühen ob dieser Sauerstoffgabe hellrot auf und erhitzen sich auf über 1000 °C – viel zu heiß für die passionierten Grillmeister, denn die bevorzugen die deutlich kühlere mittel- bis dunkelrote Glut für ihre Steaks, Würstchen und Co.

Feuer und Flamme: Betrachtungen bei Kerzenschein

Das sanfte Licht einer brennenden Kerze und erst recht ein Candle-Light-Dinner in einsamer Zweisamkeit gehören für romantische Gemüter zu den Gipfelpunkten des Gefühlslebens. Man kann eine Kerzenflamme aber auch weniger sentimental betrachten, ohne dass sie etwas von ihrer Faszination einbüßt. Immerhin gehört sie zu den vermeintlich einfachen, bei einigem Nachdenken aber besonders spannenden Naturerscheinungen. Der bedeutende englische Naturforscher Michael Faraday

(1791–1867), gelernter Buchbinder und äußerst erfolgreicher Autodidakt der Physik und Chemie, hat der Kerze 1861 einen berühmt gewordenen Essay („The Chemical History of a Candle") gewidmet, in dem er fast die gesamte Physikochemie seiner Zeit zusammenfasste. Heute wissen wir über die Energieumsetzungen in der Kerzenflamme und andere Eigenschaften von Feuer und Flamme noch etwas besser Bescheid und werden deswegen einige ihrer unvermuteten Merkwürdigkeiten etwas intensiver beleuchten.

Da wäre zunächst die seltsame Form der Kerzenflamme zu klären. Ihr unteres, etwa in der Dochthälfte ansetzendes Ende ist einigermaßen kreisrund. Das obere Ende läuft dagegen spitz aus und züngelt etwas, wenn ein sanfter Luftzug darüberstreicht: Die Flammenspitze weicht der anströmenden Luft seitlich aus und kehrt alsbald wieder zu ihrer regelmäßigen Geometrie zurück. Die schlanke Form ergibt sich aus den beteiligten Gasströmen: Der Aufstieg der heißen Verbrennungsgase saugt vor allem von unten Frischluft an und zwingt den Flammenkörper dadurch in seine lang gestreckte Gestalt.

Lässt man den Lichtkegel einer stärkeren Lampe seitlich auf die Flamme fallen, zeigt sich Folgendes: Nur der gelb leuchtende Flammenmantel wirft auf einen dahintergehaltenen Karton einen Schatten, während der bläuliche untere Flammenkern nahezu durchsichtig ist und folglich keinen Schattenriss liefert. Dieser Sachverhalt fiel schon Michael Faraday auf: „Es ist merkwürdig", schrieb er 1861, „dass wir den Teil der Flamme im Schatten als den dunkelsten sehen, der in Wirklichkeit der hellste ist." Der nur unten sichtbare bläuliche Flammenkern durchzieht übrigens den gesamten Flammenkörper. Er wird allerdings im Bereich des gelben Flammenmantels vom starken gelben Licht überstrahlt.

Rein chemisch betrachtet läuft in der Kerzenflamme ein Oxidationsprozess ab: Der stark sauerstoffuntersättigte Kerzenbrennstoff (Bienenwachs, Stearin oder Paraffin) zerfällt in der

Flammenhitze über zahlreiche und erstaunlich unübersichtliche Zwischenstufen in kleinere reaktionsfreudige Moleküle bzw. Atomgruppen, und erst diese verbinden sich in der Flamme mit dem Sauerstoff der Luft zu Kohlenstoffdioxid und Wasser. Das Endprodukt Kohlenstoffdioxid ist unsichtbar, aber das entstehende Wasser ist leicht nachweisbar: Die Luft über einer brennenden Kerze fühlt sich immer ein wenig feucht an, und ein kaltes Glas beschlägt sogar. Viele Details dieser keineswegs einfachen Reaktionsketten vom Kerzenbrennstoff bis zum Kohlenstoffdioxid sind übrigens noch weitgehend ungeklärt, darunter beispielsweise die Entstehung und der genauere molekulare Aufbau der Rußteilchen, die man beim vorsichtigen seitlichen Anblasen der Kerzenflamme als schwarze Schwaden wahrnehmen kann.

Das auffällige Leuchten der reagierenden Moleküle und damit das „warme Kerzenlicht" ist nicht der Verbrennungs- oder Oxidationsvorgang selbst, sondern dessen Folgeerscheinung. Es erklärt sich stark vereinfacht folgendermaßen: Die heftig reagierenden Zwischenprodukte der Verbrennung werden durch die hohe Temperatur bei ihrer Zerlegung energetisch stark angeregt und geben diese überschüssige Energie fast unmittelbar als Licht ab. Diesen Vorgang bezeichnen die Fachleute als Chemolumineszenz.

Die wichtigsten Produkte der Oxidation des Kerzenbrennstoffs sind also in dieser Reihenfolge Wärme und Licht. Beide kann man bekanntlich nicht in Tüten oder Dosen einsammeln und für spätere Zwecke aufheben – ein Problem, an dem bereits die Schildbürger bei ihrem fensterlosen neuen Rathaus scheiterten. Licht und Wärme sind sozusagen unhaltbare (Energie-) Zustände und immer nur so lange wirksam, wie eine andere Energieform (in diesem Fall die chemische Energie des Kerzenbrennstoffs) ständig umgewandelt wird. Die Kerzenflamme als sichtbares Ergebnis dieser Energieumwandlung ist also eine typische Prozessstruktur. Die Physiker sprechen in solchen Fällen auch von dissipativen Strukturen, weil die Energie sich dabei auf einer Einbahnstraße bewegt (dissipiert wird) und – wie beim Rathaus in Schilda – nicht wieder eingefangen werden kann. Kommt die Energiedissipation zum Erliegen, bricht auch die damit verbundene Prozessstruktur „Flamme" zusammen: In bürgerlichen Worten sagt man, die Kerze erlischt.

In der Kerzenflamme zeigt sich somit eine faszinierende Naturerscheinung: Immer wenn Energien über eventuell mehrere Stationen (Kerzenbrennstoff → Docht → Flammenzonen → Umgebung) abfließen, bilden sich in einer Zwischenstation besondere Strukturen (hier die Flamme) als Prozessgebilde aus. Was bereits am leblosen Modell der Kerzenflamme eindrucksvoll zu beobachten ist, gilt übrigens auch für die Formbildung in der lebenden Natur. Von den winzigen Bestandteilen einer lebenden Zelle bis zum kompletten Lebewesen entwickeln sich auch hier energieabhängig auf vielen Ebenen typische Prozessstrukturen. Beispiele sind der Zusammenbau der feinen Grenzmembranen einer Zelle, die fast mathematisch exakte Anordnung der Blätter entlang der Pflanzenstängel und die Verzweigungseigenheiten eines imposanten Hirschgeweihs.

Küchenlatein: Sind Tomaten Obst oder Gemüse?

Fragen Sie Ihre kulinarisch gebildeten Gäste bei nächster Gelegenheit einmal nach dem genauen Unterschied zwischen Obst und Gemüse. Man wird Sie zunächst erstaunt anschauen, dann die Stirn runzeln und schließlich gemeinsam um eine überzeugende Definition ringen. Die ist aber – wie der weitere Gesprächsverlauf ziemlich bald ergibt – tatsächlich nicht ganz so einfach und schon gar nicht eindeutig.

Unsere Sprache ist – obwohl man sie meistens durchaus versteht – gelegentlich bemerkenswert und durchaus erheiternd unlogisch: Ein Zitronenfalter faltet nämlich gar keine Zitronen.

Mitunter zeigt sie sich auch inhaltlich schlicht unscharf: Unter Salat verstehen die einen Kopf- oder Endiviensalat, die anderen eine bunte Mischung mit Chicorée, Lollo Rosso, Rapunzel oder Rucola. Ferner gibt es Eier-, Nudel-, Reis- und Tomatensalat, und dann sind da auch noch Kartoffel-, Gurken- und Obstsalat. Da haben wir den Salat. Das eigentliche Problem liegt vor allem in der Vieldeutigkeit der verwendeten Begriffe Obst, Gemüse ... und eben auch Salat.

Unter Obst versteht man im Allgemeinen ohne weiteres Hinterfragen überwiegend süß schmeckende Früchte, die man roh oder nach besonderer Zubereitung genießt. Problemlos lässt sich hier die gesamte Palette von Ananas über Apfel, Birne und Pfirsich bis zur Weintraube einsortieren. Gurken, Kürbisse und Tomaten sind zwar nach botanischen Kriterien ebenfalls Früchte, gehören aber küchentechnisch definitiv nicht zum Obst, sondern laufen ebenso wie Avocado und Zucchini unter Gemüse. Zu dieser strengen Begriffswahl zählen alle essbaren Pflanzenteile, die man vor dem Verzehr durch Hitze garen muss – eine Definition, auf der übrigens auch die ursprüngliche Bedeutung des mittelhochdeutschen Wortes *gemuese* beruht: So nämlich benannte man einst eine zu Brei zerkochte Speise aus Nutzpflanzen.

Blattgemüse sind beispielsweise Spinat, Mangold, Weiß-, Grün- und Rotkohl (Blaukraut). Zum Stängelgemüse zählen Spargel, Kohlrabi, Fenchel und Sellerie, dazu auch Blumenkohl, Brokkoli, Bambus und Palmherzen. Wurzelgemüse sind Mohrrüben, Schwarzwurzel, Radi und Wurzelpetersilie. Nüsse sind weder Obst noch Gemüse: Fast immer handelt es sich um die Samen bestimmter Pflanzenarten. Und um die begriffliche Vielfalt zu komplettieren: Erbsen und Linsen, die jedes Kochbuch als Gemüse behandelt, sind zwar ebenfalls Samen, aber dennoch keine Nüsse.

Eindeutigkeit ist also nicht unbedingt und nicht immer herzustellen. Manchmal muss man es eben nicht so ganz genau wissen wollen ...

Farbwechsel: Warum heißt Rotkohl auch Blaukraut?

Im Garten oder auf dem Feld sehen die äußeren Kohlkopfblätter immer ein wenig rauchblau aus, weil sie eine ziemlich dicke Wachsschicht tragen. Wischt man diese ab, kommt ein kräftiges Dunkelrot zum Vorschein – ebenso wie beim Anschneiden: Insofern trägt der Rotkohl seinen Namen zu Recht, denn auch sein Innenleben ist reichlich rot. Wenn man ihn kocht und dem Kochwasser eventuell etwas Natron (Natriumhydrogencarbonat) zusetzt, schlägt die Farbe deutlich um: Servierfertiges Rotkohlgemüse hat eher eine bläuliche Note, fast wie an Atemnot dahingeschieden.

Die roten Farbstoffe des Rotkohls gehören wie die der Aubergine und der Schwarzen Johannisbeere naturstoffchemisch zu den sogenannten Anthocyanen. Ihrer Reaktion auf den pH-Wert ihrer Umgebung ist es zu verdanken, dass der Kohlkopf sich farblich so flexibel zeigt: Saures lässt sie erröten, Basisches verbläut sie. Damit wäre Rotkohlsaft sogar eine denkbare Alternative zum Indikatorfarbstoff im bekannten Lackmus-Papier, mit dem man ebenfalls den pH-Wert überprüfen kann. Das lässt sich in der Küche selbst ausprobieren. Je nach Behandlung wird der Rotkohl eben zum Blaukraut. Mit ein wenig Haushaltsessig, der Säure eines Apfels oder ein wenig basischem Mineralwasser kann man ihn von seinem jeweiligen Farbtrip aber leicht wieder herunterholen.

Über vergleichbare Phänomene haben Sie sich möglicherweise auch schon gewundert: Die Heidelbeere heißt zwar auch Blaubeere, hinterlässt aber auf dem frisch gewaschenen (und deswegen leicht basischen) weißen Tischtuch rote Flecken. Eine bekannte Weinrebsorte ist der Blaufränkische, doch das Ergebnis ist ein ziemlich tintiger Rotwein. Der aber verbläut wie alle kräftigen Rotweine nach einem guten Schluck die Zunge, sofern man sie nicht vorher mit einem sauren Salatdressing umspült hat.

Stehvermögen: Was hält den Schaum auf dem Bier?

Die sahnig steife Schaumschicht auf dem frisch gezapften Sieben-Minuten-Pils erfreut den durstigen Gast, ist der Stolz des Wirtes und gleichzeitig der ultimative Beweis dafür, dass das Glas zuvor gründlich gespült war. Anderenfalls würde sie schon auf dem Weg vom Zapfhahn zum Tisch erbarmungslos zusammenbrechen – so wie auf einer Cola oder einem anderen Blubbergetränk.

In der Stabilität des Schaums steckt eine Menge Physikochemie. Schäume, auf dem Bierglas ebenso wie auf der Sahnetorte (vgl. S. 75), sind sogenannte heterogene Gas-/Flüssigkeitsgemische, bei denen das Gas (in diesem Fall vor allem Kohlenstoffdioxid) nicht vollständig im Lösemittel Wasser verschwinden kann und deswegen Blasen bildet. In der frisch eingeschenkten Cola ist das im Prinzip genauso, jedoch bewirkt hier die enorme Oberflächenspannung des Wassers, dass die Blasen an der Oberfläche fast unmittelbar platzen. Die übrigen in einer Cola gelösten Stoffe (Zucker oder Süßstoffe, Phosphorsäure, Coffein u. a.) bestehen allesamt aus ziemlich kleinen Molekülen, die auf die Oberflächenspannung keinen Einfluss haben. Beim Bier ist das anders: Aus dem Brauprozess verbleiben relativ langkettige Eiweißstoffe, die sich mit den Hopfen-Geschmacksstoffen im Schaum zu elastischen Häutchen zusammentun und so die Spannungskräfte im Wasser vermindern. Bei den nach dem Reinheitsgebot gebrauten Bieren reichen diese Stoffe für ein krönendes Schaumgebirge aus. Manchen Importbieren (beispielsweise aus Irland) sind dennoch zusätzliche Schaumstabilisatoren zugesetzt, die wie die im „Sahnesteif" enthaltenen Stoffe aus den Zellwänden von Braunalgen gewonnen werden. Das muss mit den zugigen irischen Dorfkneipen zusammenhängen, wo der Wind sonst die Schaumkrone in Fetzen wegtragen würde …

Für die genaue Berechnung der wirksamen Restkräfte gibt es übrigens wundervolle Formeln mit Integralen und mancherlei weiteren mathematischen Schikanen. Die lassen wir jetzt getrost beiseite und genießen lieber ein Alt, Kölsch, Pils oder Weizen.

Schaumschlägerei: Weshalb wird die Sahne steif?

Die Fettaugen auf der Sonntagssuppe zeigen es unmissverständlich: Manche Stoffe sind zwar gelöst, lassen sich aber dennoch nicht miteinander mischen. Der Grund dafür ist die Tatsache, dass es in der Natur zwei verschiedene Lösemittel-Typen gibt. Wasser ist der wichtigste Vertreter der einen Klasse. Es löst bestens alle Stoffe, deren kleinste Teilchen elektrische Ladungen tragen, beispielsweise das Natrium-Kation (Na^+) und das Chlorid-Anion (Cl^-) aus dem Kochsalz ($NaCl$), oder innerhalb der Moleküle gewisse Ladungsverschiebungen aufweisen wie etwa Zucker oder Eiweißstoffe (Proteine). Alle diese Stoffe, die sich mit Wasser hervorragend arrangieren und einfach auflösen, nennt man hydrophil. Die zweite Lösemittelklasse umfasst Flüssigkeiten wie Aceton oder Benzin, die sich mit dem Wasser überhaupt nicht vertragen, aber dafür beispielsweise Fettflecken aus der Krawatte entfernen können. Man nennt sie wegen ihrer Vorliebe für Fette und fettähnliche Substanzen lipophil.

Milch ist bekanntermaßen die (bisweilen sehr ansehnlich verpackte) Erstlingsnahrung des Menschen und der (übrigen) Säugetiere. Sie besteht aus Milchzucker, Milcheiweiß und Milchfett. Dabei stand die Natur vor dem schwierigen Problem, die hydrophilen Komponenten wie Milchzucker und Milcheiweiß mit dem lipophilen Milchfett in der gleichen wässrigen Lösung zusammenzubringen. Sie beschritt dabei einen Weg, den die moderne Lebensmitteltechnik ebenfalls verwendet: Die Fettmoleküle werden zu kleinen Fettkügelchen zusammengeballt, und diese schwimmen nun feinstverteilt in der wässrigen Lösung. Ein solches System lipophiler und hydrophiler Bestandteile nennt man Emulsion, im vorliegenden Fall genauer eine Fetttröpfchen-in-Wasser-Emulsion. Damit die kugeligen Fetttröpfchen möglichst lange in der Schwebe bleiben und sich nicht wie bei der Suppe als Fettfilm obenauf abscheiden, sind sie zusätzlich von einer dünnen Proteinhaut verpackt, die als Lösungsvermittler zwischen dem lipophilen Tröpfcheninhalt und dem hydrophilen Lösemittel fungiert. Die recht großen Proteinmoleküle sind zwar überwiegend hydrophil, haben aber durchaus auch ein paar lipophile Bauteile, und die hängen sich nun gleichsam zwischen die beiden Welten. So ist es auch in der noch flüssigen Sahne, in der der Fettanteil gegenüber der normalen Ausgangsmilch deutlich erhöht ist.

Beim Sahneschlagen gerät diese wunderbare Ordnung sichtlich durcheinander. Das hochtourig laufende Rührwerk reißt die Proteinhülle an und lässt die Fetttröpfchen an den beschädigten Stellen zu größeren Einheiten miteinander verklumpen. Die heftige mechanische Beanspruchung durch den Rührer führt außerdem dazu, dass nunmehr das Lösemittel Wasser portionsweise in die größeren Fetttröpfchen eingeschlossen wird. Damit entsteht sozusagen eine Phasenumkehr, nämlich eine Wasser-in-Fett-Emulsion. Schließlich kommen jetzt auch noch zunehmend Luftbläschen ins Spiel, die ebenfalls von den Fettbestandteilen eingeschlossen werden. Das Ergebnis ist ein ziemlich heterogenes Stoffgemisch von schaumiger Konsistenz und bleibt so lange steif, wie die Phasenumkehr „Wasser/Luft in Fett" bestehen bleibt. Lässt man die steif geschlagene Sahne längere Zeit stehen, entweicht die Luft allmählich wieder, und auch das Wasser verabschiedet sich nach und nach aus den Fettkügelchen. Die Fettanteile ballen sich nun noch enger und fester zusammen. Damit ist man praktisch bei der Vorstufe von Butter angelangt.

Um diesen vorzeitigen Zusammenbruch des Schaumbauwerks zu verhindern oder zumindest lange zu verzögern, verwendet die Gastronomie-Branche ebenso wie die sachkundige Hausfrau spezielle Zusatzstoffe (Handelsbezeichnung: „Sahnesteif"), die man aus den Zellwänden der großen Meeresbraunalgen gewinnt. Diese bemerkenswerten Naturstoffe nehmen in wässriger Lösung eine gewisse Zähigkeit an und stabilisieren damit das Schaumgebilde: Die Luftblasen und Wassertröpfchen sitzen jetzt gemeinsam in einem Gefängnis mit Gummiwänden. Anderenfalls wären so verführerische Konstruktionen wie zwei Handbreit hohe Sahnetorten aus der Konditorei gar nicht machbar.

Rührendes: Die Versammlung der Teekrümel am Tassenboden

Heiße oder kalte Getränke in Tasse oder Glas sind für den ständig hinterfragenden Naturneugierigen – von den sicherlich erwähnenswerten geschmacklichen Qualitäten völlig abgesehen – höchst interessante Kleingewässer, der köstliche Fünf-Uhr-Tee ebenso wie der rabenschwarze Mokka. Da beide Getränke kochend heiß aufgebrüht werden und deshalb nicht unmittelbar konsumfähig sind, helfen vorsichtiges Anpusten oder längeres Umrühren. Spätestens bei solchen Maßnahmen setzt die faszinierende Physik der wässrigen Lösungen ein. Die beschleunigte Abkühlung beim Umrühren erklärt sich daraus, dass jetzt auch die jeweils tieferen Kaffee- oder Teeschichten an die Oberfläche gelangen und hier ein besserer Wärmeaustausch stattfinden kann als an der isolierenden Tassenwand. Wenn man genügend lange wartet, kühlen Kaffee oder Tee auch ohne den ständigen Abbau ihrer Wärmeschichtgradienten auf Zimmertemperatur ab (vgl. S. 66).

Zumindest beim Kaffee lässt sich ein weiterer Effekt beobachten. Oft verbleiben vom Aufbrühen oder Einschenken ein paar auf der Oberfläche schwimmende Schaumblasen. Bei reinem Wasser wären sie sicherlich nicht da, denn dessen starke Oberflächenkräfte lassen etwaige Blasen sofort platzend zusammenbrechen. Bestimmte Zusatzstoffe – beim Kaffee der gesamte komplexe Stoffmix, der für Aroma, Farbe und Geschmack sorgt – setzen die Oberflächenspannung in den Schaumblasen deutlich herab und lassen sie somit länger bestehen. Auch ohne gedankenverlorenes Herumrühren streben diese Bläschen irgendwann einmal dem Tassenrand zu und docken an ihm an wie Schiffe an der Hafenpier. Der Grund ist die dortige Aufwölbung der wässrigen Flüssigkeit Kaffee: Aufgrund recht starker Kapillarkräfte besteht zwischen Kaffeeoberfläche und Tassenrand eben kein rechter Winkel, sondern der Kaffee kriecht am Gefäßrand ein wenig hoch. Besser kann man diese Eigenart in sehr engen Glasgefäßen sehen, beispielsweise in der Pipette für Nasentropfen: An der Gefäßwand bildet sich ein Meniskus, benannt nach dem lateinischen Wort *meniscus* (= kleine Mondsichel). Da nun die Luftblasen als winzige Schwimmbojen immer dem höchsten Punkt ihres Wohngewässers zueilen, werden sie schließlich zur Randgruppe.

Bleiben wir beim Rühren, aber verlagern die Szene in eine Tasse Tee mit freier Bodensicht. Oft finden sich als Bodensatz feine Teeblattkrümel aus einer lecken Ecke des Teebeutels oder durch Entwischen aus dem Tee-Ei. Falls nicht, verwenden wir – ein ausdrücklicher Verstoß gegen das ostfriesische Teezeremoniell – einen gehäuften Teelöffel weißen Haushaltszucker und rühren kräftig um. Gerührt und nicht geschüttelt vollzieht der Tee in der Tasse eine mehr oder weniger heftige Drehbewegung, und die müsste nun alle noch sichtbaren Partikeln wie Tee- oder Zuckerkrümel zentrifugal nach außen treiben wie auf einem Kettenkarussell. Nun sehen Sie mal genauer hin: Die nicht löslichen bzw. noch nicht gelösten Teilchen versammeln sich stattdessen in der Mitte des Tassenbodens. Gilt hier eine andere Physik?

Die Sache löst sich unter genauerer Betrachtung der Fluiddynamik im Tee leicht und problemfrei auf: Beim heftigeren Rühren bildet sich in der Tassenmitte ein Strudel, weil die rotierende Flüssigkeit tatsächlich radial nach außen drängt. Diese Strudelströmung endet jedoch nicht am Tassenrand, sondern biegt hier um, läuft entlang der Tassenwandung abwärts zum Boden und kehrt dort wieder zur Mitte um. Bei diesem Rücklauf reißt sie also in den Tiefen der Tasse die Teekrümel oder Zuckerkörnchen von allen Seiten zur Mitte mit und lässt sie bei abebbender Turbulenz einfach als Ansammlung liegen.

Emporkömmling: Wieso sinkt der Trinkhalm (nicht) ab?

Die feine Etikette regelt, dass man – von Strandkiosk, Fast-Food-Restaurant oder Sportplatz abgesehen – sein dringend benötigtes Erfrischungsgetränk nicht gleich aus der Flasche in den Hals gluckern lässt, sondern einen Trinkhalm als Vermittlungshilfe einsetzt. Dieses überaus nützliche, früher aus Stroh und heute aus irgendeinem Kunststoff gefertigte Utensil wirft allerdings eine Menge Fragen auf. Wie kommt es denn bloß, dass der Halm bei einem kräftigen Zug wie eine Pipeline wirkt und das Getränk nach oben zum Ort des Bedarfs fördert? Wenn man als Cola- oder Limo-Konsument am oberen Ende des Trinkhalms zieht, erzeugt die kombinierte Aktion von Wangen- und Zungenmuskulatur in der Mundhöhle einen Unterdruck, in der Alltagssprache meist Sog genannt. Damit entsteht zwischen Getränkeflascheninhalt und Getränkekonsument ein Kräfteungleichgewicht. Jetzt überwiegt nämlich der in der geöffneten Flasche auf der Getränkeoberfläche lastende Luftdruck (vgl.

S. 26), und der drückt den flüssigen Flascheninhalt so lange in
die eintauchende Röhre, wie die Druckdifferenz besteht. Nach
dem Schlucken baut sie sich jedes Mal neu auf. Deshalb kann
man gegebenenfalls den gesamten Flascheninhalt „auf einen Zug"
leeren. Übrigens: Das Verfahren funktioniert auch im Kopf-
stand, weil wir praktischerweise in jeder Lebenslage schlucken
können.

Wird ein kohlensäurehaltiges Sprudelgetränk in der Flasche,
aber mit Halm serviert, zeigen sich weitere fragwürdige Effekte.
Seltsamerweise ragt der Trinkhalm ein paar Zentimeter aus dem
Flaschenhals heraus, obwohl er meist kürzer als die Flasche lang
ist. Wie kommt's? Die nach Flaschenöffnung sofort ausperlenden
Kohlenstoffdioxid-Bläschen (vgl. S. 61) hängen sich scharen-
weise an die Außenwand des Halms und verleihen ihm so nach
dem Schwimmbojenprinzip genügend Auftrieb. Solange die
Bläschen in genügender Anzahl und Größe an der Halmfassade
hängen, sinkt dieser garantiert nicht ab. Nach heftigerem
Herumrühren ist ihre Anhänglichkeit allerdings dahin, und konsequenterweise sinkt der Halm jetzt bis Unterkante Flaschenöffnung ab. Auch wenn man den Trinkhalm abschleckt, weil die
Bläschen so schön auf der Zunge prickeln, ist der Bojeneffekt er-
ledigt. Die feinen Rauigkeiten an der Halmaußenseite, an denen
sich die Kohlenstoffdioxid-Bläschen aufhängen konnten, sind
jetzt durch eine feine Speichelauflage wie wegpoliert – der Halm
ist für die Bläschen so gut wie fassungslos.

Ein netter Party-Gag am Rande: Servieren Sie den Sprudel
mit ein paar kleinen Johannisbeeren. An der Beerenschale
hängen sich sofort ausperlende Gasbläschen fest und lassen die
Frucht zum Aufsteiger werden. An der Oberfläche platzen die
Bläschen. Jetzt wird die auftriebslose Beerenfrucht zu schwer
und sinkt folglich wieder zu Boden, um sich dort außenbords
erneut mit Kohlenstoffdioxid-Bläschen zu betanken, die den
abermaligen Aufstieg einleiten.

Problemzone: Warum häutet sich die Milch?

Es gibt ja viele Dinge auf der Erde, über die Menschen geteilter Meinung sind: Lakritz gehört dazu oder auch das Regenwetter. Ziemlich große Einigkeit besteht hingegen bei der Haut auf der Milch. Da reicht das einheitlich vernichtende Urteil von unappetitlich bis eklig. Doch wie kommt eigentlich die Haut auf warme Milch und Kakao?

Vollmilch besteht neben viel Wasser aus knapp 4 Prozent Fett, 4,5 Prozent Milchzucker (der dafür verantwortlich ist, dass bei uns jeder sechste Erwachsene und in Asien 90 Prozent aller Erwachsenen Milch nicht vertragen) sowie rund 3,5 Prozent Proteine. Diese Inhaltsstoffe schwimmen feinstverteilt in der kalten Milch herum, das Fett als kleine Mikrotröpfchen und die Proteinmoleküle als winzige, kugelige Fadenknäuel. Wird die Milch nun erhitzt, so verändern die Eiweiße ihre Struktur – sie denaturieren. Dabei entfalten sich ab einer Temperatur von 75 °C die im Knäuel aufgewickelten Aminosäurestränge zu langen, fadenartigen Gebilden. Diese Eiweißfäden sind leichter als die Milch. Deshalb steigen sie nach oben und vernetzen sich an der Oberfläche zu einer dünnen, schleimigen Haut. Da dieser Vorgang nicht umkehrbar ist, löst sich die Haut beim Abkühlen auch nicht mehr auf. Dann bleibt nur das Abfischen mit einem Löffel.

Diese dichte Haut aus vernetzten Aminosäuren ist auch der Grund dafür, warum die Milch überkochen kann. Wird die Milch weiter erhitzt, so verdampft auch das Wasser. Es kann aber als Dampf nicht nach außen entweichen, sondern bleibt unter der Milchhaut wie unter einem Deckel hängen – bis der Druck so groß wird, dass die Haut reißt und die Milch überkocht. Es gibt allerdings Möglichkeiten, die Bildung der gallertartigen Milchhaut zu verhindern: Sie können beim Erhitzen die Milch ständig rühren, am besten mit einem Schneebesen. So verhindern Sie, dass sich die Eiweiße verklumpen und die Milch überkocht. Beim kräftigen Rühren sorgen sogar die vernetzten Aminosäurefäden mit den darin gefangenen Luftbläschen dafür, dass der Schaum ganz besonders stabil ist und lange Zeit auf Cappuccino und Latte macchiato stehen bleibt. Und plötzlich wird die „Milchhaut" schmackhaft und lecker.

Auch die Haut auf einem Pudding entsteht durch die sich vernetzenden Milcheiweiße. Während manche Menschen Puddinghaut lieben, verabscheuen sie andere. Letzteren sei verraten, dass neben dem andauernden Rühren beim Kochen und Abkühlen auch das Bestreuen der Puddingoberfläche mit Zucker, ein darauf zerlassenes Stückchen Butter oder das Abdecken mit einem Gefrierbeutel hilft.

Übrigens: Wer nun meint, er müsse ja nur Sojamilch für seinen heißen Kakao nehmen und schon sei das eklige Problem gelöst, der irrt: Auch Sojamilch bildet beim Erhitzen eine Haut – den Tofu.

Schillernde Schale: Warum platzt die Seifenblase?

Zu den besonders beeindruckenden Auftritten von Bernhard Paul, Chef vom Circus Roncalli, gehört seine Clownnummer mit dezimetergroßen Seifenblasen, die minutenlang schweben, sich wieder einfangen lassen und erneut losfliegen und nicht einmal dann zerplatzen, wenn sie eine etwas unsanfte Landung vollzogen haben. Das alles funktioniert mit hauchdünnen und offensichtlich hochelastischen Raumgebilden, die kaum mehr als verpackte Luft darstellen.

Deswegen ist gerade die Verpackung hochinteressant. Die Haut einer Seifenblase ist immer dreischichtig aufgebaut. Außen und innen befindet sich jeweils ein superdünner Film aus gelösten Seifenmolekülen und innen eine ebenfalls recht schmächtige Schicht des Lösemittels Wasser. Die Seifenmoleküle sind asymmetrisch aufgebaut: Sie bestehen aus einem geladenen und deswegen hydrophilen Kopfteil (für Fachleute: eine deprotonierte Carboxyl-Gruppe) und einem ungeladenen, sehr langen Schwanz aus reinen Kohlenwasserstoff-Baugruppen. In der Seifenblasenhaut sind sie immer so angeordnet, dass der Kopfteil zum eingeschlossenen Wasserfilm weist und die Schwänze in die Luft innen oder außen ragen. Das Ganze ist extrem dünn. Man müsste etwa 50 Seifenhäute ziemlich dicht aufeinanderpacken, um auf die Schichtdicke von einem Millimeter zu kommen. Genauso aufgebaut sind die Schaumblasen auf der Badewanne.

Übrigens: Um besonders hübsche Seifenblasen für eigene Versuche hinzubekommen und allerhand Spielereien anzustellen, empfiehlt die Physikerin Hannelore Dittmar-Ilgen folgenden erprobten Mix: Man mischt 50 Milliliter Wasser (mit einer Messerspitze darin aufgelöstem Puderzucker) mit 40 Milliliter Spülmittel und gibt noch etwa 3 Milliliter Glyzerin hinzu.

Solch dünne Schichten wie die einer Seifenblasenwand veranstalten seltsame Lichtspiele, vor allem im schräg auftreffenden Licht, in Gestalt eines bunten Schillerns mit seinem schlierenartigen Verlauf der Farben. Die beteiligten Farben stammen natürlich nicht aus der Seifenlösung, denn die ist einigermaßen farblos, sondern entstehen durch Zerlegung des weiß erscheinenden Tageslichtes in seine verschiedenen Spektralfarben. Anders als beim Regenbogen ist jedoch nicht die Lichtbrechung die Ursache des Farbenzaubers, sondern das Auslöschen einzelner Wellenzüge durch gegenseitige Überlagerung bei der Reflexion an der inneren und äußeren Schicht der Seifenblase. Physiker nennen diese Erscheinung Interferenz. Derselbe Effekt lässt auch das Benzin in Regenpfützen schillern, zeigt Schmetterlingsflügel in metallischer Pracht, poliert Käfer auf Hochglanz, erklärt die Farbstreifen auf einer DVD und verleiht den Perlen ihren geheimnisvollen seidigen Schimmer.

Wenn man eine Seifenblase mit der Fingerkuppe vorsichtig anstupst, platzt sie meistens nicht gleich, sondern reagiert elastisch wie ein praller Ball. In der Seifenblasenhaut müssen also die zwischenmolekularen Kräfte so groß sein, dass sie das gesamte Gebilde gut stabilisieren. Dabei müssen der Gasinnendruck der eingeschlossenen Luft und die Oberflächenspannung zueinander im Gleichgewicht stehen. Wegen der ungleich stärkeren Krümmung ihrer Oberfläche steht eine kleine Seifenblase eigenartigerweise unter viel größerem Druck als eine große. Lässt man zwei ungleich große Seifenblasen miteinander verschmelzen, sieht es so aus, als würde die größere die kleinere einfach vereinnahmen. Wegen der ungleichen Druckverhältnisse ist aber genau das Gegenteil der Fall: Die kleine Seifenblase bläht sich auf Kosten der größeren auf – ein echter David-und-Goliath-Effekt. Solche Auseinander- oder besser Zusammensetzungen ereignen sich auch beim Seifenschaum in der Badewanne oder in der Schaumkrone eines frisch gezapften Bieres: Zuletzt bleiben immer nur wenige, aber relativ große Blasen übrig.

Aber wann platzt denn nun die Blase? Das Ende einer Seifenblase ist so gut wie besiegelt, sobald die stützenden Kräfte ins Ungleichgewicht geraten. Dieser Schlusspunkt setzt ein, wenn das Lösemittel Wasser schließlich aus der Seifenblasenhaut verdunstet oder die Haut durch Fließbewegungen an irgendeiner Stelle so dünn geworden ist, dass es einfach kein Halten mehr gibt. Wenn man die Verdunstung verhindert, kann eine stabilisierte Seifenblase erstaunlich langlebig sein: Bockt man sie mithilfe eines Trinkhalms auf irgendeinem Sockel in einem leeren Konfitürenglas auf, bleibt sie lange formstabil. Im rasch verschlossenen Glas ist sie vor Wasserverlust, Luftdruckschwankungen und anderem zerstörerischen Ungemach ziemlich sicher. Der inoffizielle Konservierungsrekord soll bei mehreren Monaten liegen …

Die zerstörerische Verdünnung einer Seifenhaut kann man sehr eindrucksvoll beobachten, wenn man diese nicht als Blase betrachtet, sondern als Lamelle zwischen einem Drahträhmchen aufspannt und senkrecht hält. Zunächst zeigen sich sehr schön die heftigen Interferenzfarben, bis sich der dünne schillernde Film am oberen Ende plötzlich schwärzt und im nächsten Augenblick zerreißt. Wenn es physikalisch nicht so total abwegig wäre und die Gedanken in eine völlig falsche Richtung lenkte, könnte man deswegen sogar behaupten, die Seifenblase ende mit einem Schwarzen Loch. Alles klar?

Aufgeschäumt: Warum trägt gelbes Bier eine weiße Krone?

Feierabend ist angesagt, und der Tag klingt gemütlich mit Freunden in der Stammkneipe um die Ecke aus. Der eine bestellt Cola, der andere ein Bier. Beim Ausschenken am Tresen fällt auf: Auf der braunen Cola bildet sich ein wenig weißer Schaum, der sich rasch wieder auflöst. Dann ist das Bier dran: Kühl und gelb fließt es ins Glas und – siehe da – eine dicke, weiße Schaumkrone baut sich auf, das typische Kennzeichen eines frisch Gezapften.

Doch warum ist der Schaum weiß? Dazu muss man sich zunächst Gedanken machen, warum Cola braun und Bier gelb ist. Bei den meisten festen und flüssigen Stoffen ergibt sich die Farbe dadurch, dass das Licht bis in eine gewisse Tiefe eindringt und dann absorbiert oder gestreut wird. Cola ist braun, weil in dieser Flüssigkeit alle Farbanteile des Lichts außer Grün und Rot absorbiert werden. Daher erreichen unser Auge nur die grünen und roten Farbanteile, wodurch der braune Farbeindruck entsteht. Bier absorbiert alle Lichtanteile außer dem gelben, und so entsteht der Farbeindruck Gelb.

Beim Schaum ist das nun anders. Schaum besteht aus wenig Flüssigkeit und viel Luft und weist daher große Oberflächen auf. Wegen des geringen Flüssigkeitsanteils kann der Schaum nur wenig Licht absorbieren. Vielmehr wird der allergrößte Teil des Lichts an den unzähligen Oberflächen reflektiert und dabei in alle möglichen Richtungen abgelenkt. So trifft ein Teil des reflektierten Lichts sogar auf weitere Oberflächen und wird nochmals reflektiert. Wird kein Licht absorbiert, verlässt alles einstrahlende Licht auch wieder den Schaum – und das Auge nimmt ein helles Weiß wahr. Wenn das Licht an den zahlreichen Oberflächen sogar mehrfach reflektiert wird, erscheint uns der Schaum sogar besonders strahlend weiß. Aus demselben Grund sind Teppich- und Rasierschaum, Schnee, Wolken, zerriebene Salze oder feine Pulver jeglicher Art weiß oder zumindest deutlich weißer als die festen, farbigen Ausgangsstoffe.

Schwarzbrennerei: Warum wird angebranntes Essen schwarz?

Wer kennt das nicht? Da klingelt beim Kochen das Telefon, man verquatscht sich ein bisschen, und schon erinnert ein brenzliger Gestank aus der Küche daran, dass da doch etwas auf dem Herd steht. Ein hastiges „Tschüs!" in den Hörer gebrüllt, ein rascher Satz in die Küche – aber es ist zu spät. Beim Wenden der Würstchen und Bratkartoffeln zeigt sich eine dicke schwarze Kruste. Angebrannt, Mist.

Doch ist die Kruste tatsächlich durch eine Verbrennung entstanden? Dazu müsste zunächst noch einmal geklärt werden, was beim Verbrennungsvorgang genau geschieht. Vereinfacht ausgedrückt, ist er nichts anderes als eine Oxidation, bei der ein Stoff mit Sauerstoff unter Freigabe von Wärme reagiert. Der Prozess, der zur schwarzen Kruste führt, ist aber ein ganz anderer: Alle organischen Substanzen – das Fleisch und die Pelle der Würstchen ebenso wie die Kartoffeln – bestehen aus Kohlenstoffverbindungen mit wenigen anderen Elementen wie Wasserstoff, Sauerstoff und Stickstoff. Wirken nun sehr hohe Temperaturen auf organische Substanzen ein, so verabschieden sich nach und nach alle Bindungspartner, bis schließlich nur noch der Kohlenstoff übrig bleibt. Dieser sammelt sich an der Oberfläche der angebrannten Würstchen und Bratkartoffeln und bildet dort eine Struktur, die kein Licht reflektiert. Daher nehmen unsere Augen diese Schicht als schwarz wahr. Würde Kohlenstoff im verkokelten Essen verbrennen, so hätte er sich als Kohlendioxid in die Luft verflüchtigt – und es gäbe gar keine schwarze Kruste.

Nach demselben Prinzip wie beim angebrannten Essen wird aus Holz (einer organischen Substanz) Holzkohle hergestellt. Beim Verkoken verflüchtigen sich alle Bindungspartner im Holz, bis nur noch der schwarze Kohlenstoff als Holzkohle – das Pendant der schwarzen Kruste von Würstchen und Bratkartoffeln – übrig bleibt. Wird dann mit dieser Holzkohle ein Grillfeuer entzündet, verbrennt der Kohlenstoff tatsächlich unter Freisetzung von Kohlendioxidgas. Der Rest ist ein weißes Häufchen fein pulverisierter Asche, deren weiße Farbe sich aus der Pulverstruktur ergibt (vgl. S. 85).

Die schwarze Kruste enthält allerdings neben dem harmlosen Kohlenstoff auch noch andere Substanzen wie Acrylamid, polyzyklische aromatische Kohlenstoffe und heterozyklische Amine, deren Namen schon genauso ungesund klingen, wie die Stoffe selbst es sind. Daher sollte man die schwarzen Krusten vor dem Genuss des noch verwertbaren Restes unbedingt großzügig entfernen.

Wo wir gerade beim Thema Kohlenstoff sind, stellt sich noch die Frage, warum reiner Kohlenstoff nicht nur schwarz daherkommt, sondern auch glänzend grau im Grafit oder brillantweiß im Diamant. Das liegt daran, dass die Atome des Kohlenstoffs nicht nur völlig chaotisch wie in der schwarzen Kohle angeordnet sein, sondern sich auch brav zu einer Kristallstruktur ordnen können. Jawohl, das kann der Kohlenstoff. Im Grafit, fälschlicherweise als Blei im Bleistift deklariert, ordnen sich die Kohlenstoffatome wie in einem Metall zu einer möglichst dichten Kugelpackung an – daher glänzt Grafit metallisch grau (vgl. S. 108). Im Diamant geht das Ordnungsprinzip noch weiter: Hier bilden die Kohlenstoffatome eine kristalline Struktur, die sogar lichtdurchlässig und überdies unbrennbar ist. Letzteres wird die mit einem Fünfkaräter beglückte Dame besonders beruhigen.

Staubig: Warum verstaubt die Wohnung, obwohl man den ganzen Tag im Büro ist?

Dieses Phänomen kennen Sie ganz bestimmt. Wie von Zauberhand sammeln sich in den Ecken, unter Kommoden und hinter offen stehenden Zimmertüren dicke Staubflusen, auch wenn tagelang niemand da ist. Der Grund für diese lästigen Staubansammlungen, aber ebenso auch für den durch die Wohnung ziehenden Kaffeeduft ist das Bestreben aller Gase (und Flüssigkeiten), sich auszugleichen. Temperaturunterschiede führen dabei zu den heftigsten Ausgleichsströmungen – und diese Temperaturunterschiede gibt es nun mal zwischen Innen und Außen. Dabei drückt die Luft immer dorthin, wo es kälter ist. Mit den sich zwischen Innen und Außen hin- und herbewegenden Luftmassen wird auch der überall gegenwärtige Staub mitbewegt, gelangt so in die Wohnung und verteilt sich dort. Haben Sie einen Teppichboden, so entdecken Sie unter jeder Tür einen schwarzen Streifen, denn dort strömt der meiste Dreck ins Zimmer.

Gegen den eindringenden Staub und die lästigen Staubflusen würde nur eines helfen: eine komplett gasdichte Wohnung. Aber allein schon aus bautechnischen Gründen geht das nicht. Folglich müssen Sie sich weiterhin mit dem Staub arrangieren – nehmen Sie ihn doch am besten mit einem Lied auf den Lippen als Anlass für ein tägliches Fitness- und Bewegungsprogramm.

Leicht verrückte Physik
und andere Schrägblicke

Knick im Blick: Schwimmt der Fisch tiefer, als man ihn sieht?

Einen Fisch mit der Hand zu packen, erfordert nicht nur deshalb viel Übung, weil Fische schnell und glitschig sind, sondern auch wegen der optischen Gesetzmäßigkeiten auf unserem Planeten: Erblickt man einen Fisch im Wasser und greift voller Vorfreude auf ein leckeres Mahl beherzt zu, so lacht der Fisch zuletzt am besten. Er entkommt mit einem raschen Schwanzschlag, weil er nämlich gar nicht dort war, wo die Hand ihn packen wollte.

Wasser ist nicht nur für einen schwimmenden Menschen dichter als Luft, auch für Lichtstrahlen ist das so. Folglich passiert etwas mit ihnen, wenn sie von der Luft ins Wasser eintreten. Physiker formulieren das so: Ein Lichtstrahl wird zum Lot hin gebrochen, wenn er in ein Medium mit größerer Brechzahl eintritt. Wasser hat mit 1,33 eine größere Brechzahl als Luft (Brechzahl = 1). Das Lot ist eine senkrechte Linie genau an dem Punkt, wo der Lichtstrahl von einem Medium (hier Luft) ins andere Medium (hier Wasser) eintritt. Wird nun das Licht zum Lot hin gebrochen und dadurch sein Einfallswinkel von seiner ursprünglichen Bahn abgelenkt, hat dies zur optischen Folge, dass die Position des Fisches höher scheint, als sie tatsächlich ist. (Wenn Ihnen das nicht sofort einleuchtet, ergreifen Sie Papier und Stift und zeichnen die Situation. Alles klar?) Dieses physikalische Phänomen heißt Bildanhebung. Möchte man den Fisch fangen, so muss man demnach unter sein scheinbares Bild greifen, um ihn packen zu können.

In einem kleinen Versuch können Sie diese Bildanhebung leicht selbst feststellen: Dazu stellen Sie einen Bleistift in ein durchsichtiges Glas und füllen dieses mit Wasser. Der Stift scheint im Wasser einen Knick zur Wasseroberfläche hin zu machen, denn das Auge weiß ja nichts von der Brechung des Lichts.

Auch der Taucher erlebt diese Brechung am Übergang von Wasser zu Luft, wenn er unter Wasser mit seiner Taucherbrille nach oben zum Himmel blickt. Obwohl er den ganzen Himmel sieht, scheint es ihm, als ob er nur einen Teilausschnitt sehen würde. Das liegt daran, dass durch die Brechung des Lichts der Himmel sozusagen auf einen kleineren Bereich komprimiert wird. Übrigens: Wegen der Brechzahl von 1,33 erscheinen Gegenstände im Wasser auch um diesen Faktor vergrößert.

Noch eine Anmerkung zum Fischefangen, für all jene, die sich trotz Bildanhebung nicht davon abhalten lassen: Echte Profis fangen eine Forelle in einem klaren, flachen Bach mit der Hand auf die folgende Weise. Man nähert sich langsam mit der Hand von hinten einer Forelle, die in der Strömung steht. Die Hand hält man dabei so, als ob man einen Stein aufheben wolle. Langsam und vorsichtig schiebt man die Hand von hinten nach vorne über den Forellenkörper bis zur Höhe der Kiemen: Nun heißt es rasch und behände, aber dennoch nicht zu kräftig zugreifen – und wenn man wirklich ein Profi ist, hat man den Fisch gefangen. Für alle anderen gibt es beim anschließenden Grillen Würstchen.

Wasserfarben: Warum ist Schnee weiß und Eis grau?

Wenn nicht gerade feinste Sedimentteilchen oder sonstige Verunreinigungen für trübe Aus- und Einsichten sorgen, ist Wasser normalerweise „wasserklar" und farblos. Das ändert sich nachdrücklich, wenn es den Aggregatzustand wechselt und beispielsweise als schneeweiße Flockenschar vom Himmel wirbelt. Schmilzt man frisch gefallenen Schnee, so ist der schöne Schein urplötzlich dahin – das so erhaltene Schmelzwasser stellt sich wieder wie üblich klar und ungetrübt dar. Obwohl die Produktwerbung mit der Farbansage „schneeweiß" beim missionarischen Anpreisen von Waschmitteln oder Zahncremes reichlich Gebrauch macht, ist das Weiß des Schnees ebenso wenig eine echte Farbe wie irgendein beliebiges anderes Weiß. Die Wahrnehmung „weiß" entsteht vielmehr als Summenwirkung aller im „weißen" Tageslicht vertretenen Regenbogenfarben.

Das Weiß des frischen Schnees erklärt sich aus dem gleichen Sachverhalt. Zwischen den Schneeflocken ist immer Luft eingeschlossen, und einzelne kleine Luftbläschen sind auch in die Eiskristalle eingefroren. An der Grenze zwischen einer Luftblase und dem umgebenden Einschlussmedium tritt nun das eigenartige Phänomen der Totalreflexion auf. Die Außenseite der Grenzschicht wirkt wie ein polierter Spiegel und wirft das unter bestimmten Winkeln auftreffende Licht konsequent zurück wie ein konventioneller Taschenspiegel mit Alu-Hintergrund (vgl. S. 96). Auf diesem Effekt beruht übrigens auch der hübsche silbrige Glanz der in Sekt oder Selters aufsteigenden Gasbläschen (vgl. S. 61). Würde man als Beobachter in einer solchen Luftkugel sitzen und von Wasser umgeben sein, könnte man durch die Grenzfläche ungehindert hindurchblicken. Totalreflexion gilt hier nur für die Außenseite einer eingeschlossenen Luftportion.

Und noch eine Merkwürdigkeit: Total reflektierender Schnee sieht buchstäblich blendend weiß und viel heller aus als der Wolkenhimmel darüber. Das aber ist eine optische Täuschung: Frischer Schnee wirft zwar einen großen Teil der auftreffenden Strahlung zurück und dies mehr als jede andere natürliche Oberfläche der Erde, aber die Intensität (genauer: Photonenflussdichte) dieser Reflexionsstrahlung kann nicht größer sein als die Helligkeit der diffusen Lichtquelle Wolkenhimmel.

Wenn man nicht allzu kalten Schnee zum Schneeball formt, lässt die Weißheit sichtlich nach. Die Luft zwischen den Eiskristallen wird beim Zusammenpressen großenteils ausgetrieben, und das Ergebnis ist eine eher glasige und leicht bis kräftig angegraute Eismasse. Eis kann jedoch auch in lebhafterer Farbe erstrahlen. Die abbröckelnde Stirn eines alpinen Gletschers oder die mit Getöse abbrechenden Eisberge (ant)arktischer Küsten leuchten jeweils in einem besonders geheimnisvollen Türkisblau – sozusagen ein eingefrorener Capri-Effekt: Ähnlich wie beim Blau des Himmels geht auch die besondere Färbung von massivem und aus irgendeiner Richtung kräftig beleuchtetem Eis auf die Lichtstreuung an eingeschlossenen Kleinstteilchen zurück (vgl. S. 14). Der englische Physiker Michael Faraday (1791–1867), der uns bereits als Kerzenspezialist begegnet ist (vgl. S. 68), und sein aus Irland stammender Nachfolger John Tyndall (1820–1893) haben sich intensiv mit der Lichtstreuung an feinen Partikeln beschäftigt und theoretische Erklärungen dafür vorgeschlagen. Das berühmte Blau trüber Medien nennt man zu Ehren beider Forscher daher auch Faraday-Tyndall-Effekt.

Spannendes: Warum knistert der Pullover?

Jeder kennt das Phänomen aus eigenem Erleben: Die Haare stehen nach dem Kämmen wortwörtlich zu Berge, und nach dem ausgiebigen Schlurfen über den Teppich kribbeln beim Anfassen der Zimmertür vernehmlich die Fingerkuppen. Noch eindrucksvoller vollzieht sich das Ausziehen mancher Kleidungsstücke im Dunkeln. Im Augenblick des Abstreifens antwortet das gerade abzulegende Textil mit heftigem Knistern und fliegenden Funken – und gibt damit in mehrfacher Hinsicht ein beachtenswertes Schauspiel. Vielleicht steuerte dieser spezielle Effekt seinen Teil zum Bild von der knisternden Erotik bei …

Was hier abgeht, ist tatsächlich eine Art Mini-Gewitter zwischen Oberbekleidung und Unterwäsche. Auslöser sind beträchtliche elektrische Ladungsunterschiede zwischen verschiedenen Materialien. Steht ein Körper unter Spannung, die sich beispielsweise durch flächige Reibung aufgebaut hat, kommt es bei Annäherung an einen anderen und abweichend geladenen Körper zum sofortigen Ladungsausgleich mit Funkenschlag und Begleitakustik. Physiker sprechen in solchen Fällen von elektrostatischer Entladung, Techniker eher von ESD (= electrostatic discharge).

Die Entdeckung der seltsamen Reibungselektrizität schreibt man dem griechischen Naturphilosophen Thales von Milet (ca. 625–547 v. Chr.) zu – er soll, aus welchen Gründen auch immer, ein Stück Bernstein am Fell seiner Katze gerieben haben, und die funkelte daraufhin vermutlich nicht nur mit den Augen. Vom altgriechischen Wort für Bernstein, *elektron*, leitete man später die Bezeichnung „Elektronen" für die Träger der negativen elektrischen Ladung ab. Konsequenterweise müsste die wortverwandte Elektronik dann die Bernsteinkunde sein, doch ist dieser Begriff natürlich mit völlig anderen Inhalten besetzt.

Die Elektronen sind die eigentlichen Hauptakteure der Elektrizität. Sie verlagern sich immer dann verhältnismäßig leicht von einem Stoff auf einen berührenden anderen, wenn der Ortswechsel energetisch günstig ist. Die Reibung als solche ist bei diesem Übergang eher von untergeordneter Bedeutung: Sie hat lediglich die Aufgabe, die unterschiedlichen Stoffoberflächen auch im molekularen oder atomaren Maßstab einander ultradicht anzunähern. Deshalb spricht man heute auch nicht mehr von Reibungs-, sondern von Kontaktelektrizität. Die Details der dabei erfolgenden Elektronen-Abgabe kann die Festkörperphysik übrigens erst seit relativ kurzer Zeit erklären. Sie beschreibt die Umverteilung mit dem sogenannten Fermi-Niveau (benannt nach dem italienischen Physiker Enrico Fermi, 1901–1954): Die Elektronen gehen nur dann relativ bereitwillig auf einen anderen Stoff über, wenn dessen kleinste Teilchen ein möglichst stark abweichendes Fermi-Niveau aufweisen. Diese Tatsache erklärt nun ganz locker, warum die Elektronen von Glas, Nylon, Wolle und Seide (in dieser Reihenfolge) besonders gut auf

Messing, Polyethylen, Teflon und Silikongummi übertreten. Sie fließen dabei nur so lange, bis die sich aufbauende Spannung (Potenzialdifferenz) dem Energiegewinn durch ihre Verlagerung entspricht.

Und warum knistert und blitzt es nun? Die Spannung zwischen der angesammelten Ladung und einem ungeladenen bzw. gegensätzlich geladenen Körper wird bei bestimmten kritischen Grenzwerten sozusagen unerträglich. Dann springt der Funke über und sorgt wieder für den Ausgleich. Dabei treten Spannungsunterschiede von bis etwa 50 000 Volt auf. Obwohl die beteiligten Stromstärken (zum Glück!) sehr niedrig sind, empfinden die Nervenenden in unserer Haut den kleinen Stromschlag aus den elektrisierenden Dessous dennoch als deutliches Kribbeln. Der leuchtende Funkenschlag und das gleichzeitig auftretende Knistern sind prinzipiell die gleichen Vorgänge wie Blitz und Donner bei einem heftigen Sommergewitter (vgl. S. 35), nur eben um ein paar Nummern kleiner.

Spieglein an der Wand, ist es die rechte oder die linke Hand?

Spiegel gehören bei uns zum alltäglichen Gebrauch: Morgens stylen Sie Ihre Haare von Angesicht zu Angesicht, im Auto beobachten Sie den nachfolgenden Verkehr in Rück- und Seitenspiegeln und in der Umkleidekabine sagt Ihnen Ihr Spiegelbild, dass Ihnen das grüne Kleid ganz hervorragend zu Gesicht steht. Das Hantieren mit dem eigenen Spiegelbild ist aber gar nicht so einfach. Diese Erfahrung machen Sie beim Versuch, ein ganz bestimmtes Haar auf dem Oberkopf zu ergreifen. Klar, das liegt doch daran, dass der Spiegel rechts und links vertauscht – so denkt man gewöhnlicherweise. „Irrtümlicherweise" ist der richtigere Ausdruck. Denn der Spiegel vertauscht mitnichten rechts und links, auch wenn dies so erscheinen mag, genauso wenig wie er – offensichtlicher erkennbar – auch oben und unten nicht vertauscht.

Doch was macht der Spiegel tatsächlich? Wenn Sie Ihre rechte Hand ausstrecken, streckt das Spiegelbild doch seinen linken Arm aus, so der Eindruck. Denn weil man im Spiegelbild einen gegenüberstehenden Menschen zu sehen meint, glaubt man, der Spiegel vertausche rechts und links. Schauen Sie genauer hin, dann erkennen Sie, dass auch im Spiegelbild die rechte Hand rechts vom Kopf liegt, so wie am eigenen Körper. Wenn der Spiegel rechts und links vertauschen würde, müssten Sie Ihre ausgestreckte rechte Hand links im Spiegelbild sehen, genauso wie Sie bei einem gegenüberstehenden Menschen dessen rechte Hand links von sich selbst sehen – das tun Sie aber nicht. Rechts bleibt im Spiegel rechts und links bleibt links.

Was vertauscht der Spiegel also? „Vorne und hinten" ist die richtige Antwort auf diese Frage. Bevor nun die Grübeleien zu einem spiegelbildlichen Chaos führen, sei ein kleiner Versuch angeraten: Berühren Sie einen Spiegel mit ausgestreckter Hand. Dann sehen Sie Ihre reale Hand weiter hinten als Ihren Ellbogen. Im Spiegel jedoch ist die Hand vorne, der Ellbogen befindet sich weiter hinten. Alles klar?

Wenn Sie dem Ganzen noch eins draufsetzen wollen, sollten Sie sich einmal in einem Spiegel betrachten, der an der Decke einer Aufzugskabine montiert ist. Im Spiegel sehen Sie Ihren Kopf am nächsten und die Füße am weitesten entfernt: Hier dreht der Spiegel vermeintlicherweise oben und unten um, denn aus Ihrer Perspektive gesehen hängen Sie im Spiegel frei schwebend mit den Füßen an der Fußbodendecke.

Aus diesen kleinen Spiegelspielereien wird klar, dass der Spiegel stets diejenige Ebene vertauscht, die senkrecht zur Spiegelfläche steht: Beim vertikalen Spiegel ist dies vorne und hinten, beim horizontalen Spiegel hingegen oben und unten.

Doch warum fällt der Mensch, oft trotz besseren Wissens, beim Betrachten seines Spiegelbilds so leicht wieder auf den Rechts-Links-Tausch-Irrtum herein? Weil der Mensch in seiner langen Evolutionsgeschichte erst kürzlich mit dem Spiegel konfrontiert wurde und er folglich das Gesehene mit seiner alltäglichen Erfahrungswelt abgleicht: Ein Umstülpen ist darin nicht vorgesehen. Stets sieht das menschliche Gehirn im eigenen Spiegelbild einen anderen, ihm gegenüberstehenden Menschen. Er erwartet, dass dieser die Uhr an seinem rechten Handgelenk trägt und diese aus seiner Perspektive links vom Körper ist. Da der Spiegel gerade nicht rechts und links vertauscht, trägt unser Spiegelbild die Uhr am Handgelenk rechts vom Körper.

Mit dem Spiegel können Sie aber noch weitere interessante Erfahrungen machen, beispielsweise: Sie möchten Ihre Füße in einem Spiegel sehen, der senkrecht an der Zimmerwand montiert ist und dessen unteres Ende sich auf Hüfthöhe befindet. Ganz einfach, denken Sie, man muss nur ein paar Schritte zurücktreten und schon sind die Füße sichtbar. Damit sind Sie schon wieder einem Irrtum aufgesessen: Selbst beim Zurücktreten bleibt die Höhe, die Sie gerade noch sehen, stets dieselbe. Endet der Blick in den Spiegel bei Ihren Knien, so endet er auch dort, wenn Sie 5, 10 oder 20 Schritte zurückgehen. Dann hilft es nur, wenn Sie den Spiegel aus seiner senkrechten Position leicht nach vorne kippen – et voilà, schon sind die Füße sichtbar.

Die Zeit verrinnt: Wie genau geht eine Sanduhr?

Die aus einem gläsernen Doppeloval bestehende Sanduhr ist nach Auskunft der Archäologen eines der ältesten Zeitmessinstrumente überhaupt. In der christlichen Ikonografie verwendet man es schon seit Langem als Symbol für die sichtlich und ganz buchstäblich verrinnende Zeit. Wenn der PC den Benutzer warten lässt, weil er gerade ein Programm öffnet oder auf der Festplatte nach einem Dokument sucht, taucht als dezentes Symbol ebenfalls die Sanduhr auf. Angesichts der heute mit beachtlicher Präzision gehenden elektronischen Uhren am Arm, im Mobiltelefon oder in Küchengeräten mag die vorsichtige Frage erlaubt sein, wie zuverlässig eigentlich eine Sanduhr arbeitet. Immerhin ist sie – außer als nostalgischer Dekorationsartikel – eventuell noch als Messinstrument für die richtigen Garzeiten des sonntäglichen Frühstückseis im Einsatz.

Sand ist geologisch ebenso wie bauwirtschaftlich ein körniges Lockermaterial mit Korngrößendurchmessern von 2,0 (Grobsand) bis 0,1 Millimetern (Feinstsand). Er entsteht aus ehemaligem Festgestein durch physikalische und chemische Verwitterung. Je nach mineralischer Zusammensetzung des Ausgangsmaterials kann die chemische Verwitterung einzelne Körner umwandeln oder gar völlig auflösen. Diesem Schicksal fallen die Feldspäte und Glimmer im verwitternden Granit ebenso anheim wie die feinen Calciumcarbonat-Partikeln aus Kalkgestein ($CaCO_3$). So richtig stabil sind dagegen vor allem die Quarzkörner aus relativ beständigen Silikaten. Die Sanduhr beim Eierkochen besitzt folglich ebenso eine Art Quarzwerk wie so manche Hightech-Chronometer. Und sie funktioniert erstaunlicherweise auch so unverhältnismäßig genau.

Dieser überraschende Befund hängt damit zusammen, dass trockener Sand zwar wie eine Flüssigkeit fließen kann, sich von einem flüssigen Medium jedoch in einem wichtigen Sachverhalt unterscheidet: Lässt man beispielsweise in einem gläsernen Doppeloval von der Art einer Sanduhr eine bestimmte Flüssigkeitsmenge durch eine enge Öffnung aus dem oberen Vorratsgefäß nach unten abfließen, hängt die Durchflussrate außer von der Temperatur vor allem vom hydrostatischen Druck ab – also von der Höhe der Flüssigkeitssäule oberhalb der Öffnung. Weil sich nun mit der stetigen Verringerung des Vorratsvolumens auch der hydrostatische Druck laufend verkleinert, fließen von der Flüssigkeit pro Zeiteinheit immer kleinere Volumenportionen nach unten ab. Für eine angenähert exakte Zeitmessung ist eine mit Wasser oder einem anderen Lösemittel gefüllte Eieruhr deshalb also kaum tauglich, obwohl man in der Vergangenheit vielfach versuchte, auf der Basis des abfließenden Wassers brauchbare Zeitmessgeräte zu konstruieren.

Der rieselnde Sand in der Eieruhr verhält sich völlig anders: Hier läuft in der Zeiteinheit immer das gleiche Volumen nach unten ab. Das mit einer solchen Uhr gestoppte Fünfminuten-Frühstücksei ist somit, was seine Garzeit angeht, tatsächlich ein solches. Diese zeitbezogen gleich bleibenden Durchflussraten beruhen auf der Art und Weise, wie sich im trockenen, aufgehäuften Sand die Kräfte verteilen. In kleinen wie in großen Sandhaufen liegen die einzelnen Sandkörner nicht lückenlos dicht an dicht nebeneinander, sondern bilden ein von Hohlräumen durchlöchertes Lückensystem mit zahlreichen Korngewölben und Sandkorn-Minibögen. Über diese Brücken werden die von oben wirkenden Druckkräfte vor allem seitlich auf die Gefäßwände der Sanduhr abgeleitet, vergleichbar der Kraftableitung über Rundbögen oder Strebepfeilern einer gotischen Hallenkonstruktion – oder auch die bezeichnenderweise spitzbogig angeordneten Knochenlamellen in unseren Oberschenkelknochen. Auf den unteren Sandkörnern nahe der Öffnung lastet daher nicht die gesamte Gewichtskraft der weiter oben liegenden, sondern vielmehr nur ein Durchschnittswert davon. Dieser bleibt unabhängig von der Füllhöhe einigermaßen konstant. Deswegen eignet sich die gesamte Vorrichtung so gut zur Zeitmessung. Natürlich stellte sich die Sache völlig anders dar, wenn man statt knochentrockenem Sand eine Suspension von Sandkörnern in Wasser in die Sanduhr einfüllte. Dann würde sich die breiige Füllung wie eine Flüssigkeit verhalten und wiederum den üblichen Strömungsgesetzen unterliegen. Eine funktionierende Sanduhr ist eben ein Laufwerk und kein Abfluss.

Vorgespiegelt: Flimmerstraße und Fliegender Holländer

Obwohl der Spiegel angeblich unbestechlich ist und die Falten um die Augen ebenso unbarmherzig zeigt wie einen vielleicht nicht ganz exakt aufgetragenen Lidschatten, präsentiert er im Prinzip den Schein und nicht die Wirklichkeit. Von Wasser und festen, auf Hochglanz polierten Gegenständen kennt man die Spiegeleffekte aus dem Alltag. Beim Bad- und Taschenspiegel ist auch Metall beteiligt – nämlich eine hauchdünn aufgetragene Aluminiumschicht, die rückseitig zusätzlich mit einer Lackschicht geschützt ist. Dass auch die Luft oder genauer bestimmte Luftschichten uns gelegentlich etwas vorspiegeln, untersuchen wir jetzt einmal genauer.

Bei Windstille heizt sich die Luft direkt über dem Boden stark auf und bleibt trotz ihrer geringeren Dichte unterhalb kühlerer Luftschichten. Eine solche Situation nennt man Inversion. Die warme (heiße) und damit auch optisch weniger dichte Luft grenzt sich von den kühleren und optisch dichteren Luftschichten scharf ab. Lichtstrahlen, welche die kühleren Schichten durchlaufen, kommen beim Eintritt in das neue, warme Medium nach einem sehr einfachen Grundgesetz der Optik, dem Snellius'schen Brechungsgesetz, von ihrem ursprünglichen Weg ab. Wir haben dieses Phänomen bereits beim Fischfangversuch kennengelernt, wo sich das Licht beim Eintritt aus der optisch weniger dichten Luft in das dichtere Wasser nach demselben Prinzip, nur eben in umgekehrter Richtung verhielt (vgl. S. 91). Wurden die Strahlen dort zum Lot hin gebrochen, so werden sie hier in die entgegengesetzte Richtung gelenkt und verursachen einen ähnlichen Knick in unserer Optik wie im Falle des entwischten Fisches.

Je nach Auftreffwinkel erfahren die Strahlen auch gar keine Brechung, sondern eine Totalreflexion. Auf diese Weise kommen Luftspiegelungen zustande, wie man sie häufig an heißen, wind-

stillen Sommertagen auf fast allen Straßen sieht. An der Grenzfläche zwischen der aufgeheizten Luft direkt über dem Asphalt und
der darüberliegenden kühleren Luft spiegelt sich beispielsweise der
Sommerhimmel, was aus der Entfernung wie eine regennasse
Fahrbahn aussieht. Außerdem erkennt man auch Spiegelbilder
von Straßenbäumen oder anderen fahrbahnnahen Objekten. Von
entgegenkommenden Fahrzeugen sieht man meist das reale Bild
und das Luftspiegelbild übereinander. Vorausfahrende Fahrzeuge
verwirbeln mit ihrem Fahrtwind die Luftschichtung und bauen
damit die Spiegelungsfläche zumindest für eine Weile ab.

Die Höhe des Spiegelbildes hängt nur von der Höhenlage der
spiegelnden Luftschichtgrenze(n) ab. In Wüstengebieten erscheinen weit entfernte Oasen daher als Fata Morgana (italienisch für
die Fee Morgana, einer Gestalt aus der Artussage) deutlich höher
in der Luft. In der Seefahrt kennt man die Spiegelung von Küsten oder auch von Schiffen, die noch hinter dem Horizont unterwegs sind. Die recht abergläubischen Seeleute früherer Zeiten
bezeichneten solche vermeintlichen Spukschiffe als „Fliegende
Holländer", wobei der eigentliche „Holländer" im 17. Jahrhundert
das typische Großsegelschiff der niederländischen Ostindien-
Handelsgesellschaften war.

Feuchtgebiete: Warum sind nasse Stellen dunkler als trockene?

Ist Ihnen schon einmal aufgefallen, dass nasse Stellen auf T-
Shirts, Hosen, Papier, Sand und anderen Materialien dunkler
sind als trockene? Dabei ist es völlig unerheblich, ob die Nässe
von Wasser, Öl, Cola oder Milch herrührt – nasse Stellen sehen
eben dunkler aus.

Und ist das Material eines Kleidungsstücks nur dünn genug,
so wird es in nassem Zustand zudem leicht durchsichtig – ein

Effekt, dem die Bademodenindustrie mit allerlei Tricks wie doppelten Lagen und blickdichten Geweben entgegentritt, der aber auch Wet-T-Shirt-Contests so prickelnd macht.

Doch was genau ist der Unterschied zwischen einem trockenen und einem nassen T-Shirt? Fällt Licht auf das trockene Gewebe, so wird ein Teil von ihm absorbiert (mit ein paar Ausnahmen: Bei einem schwarzen T-Shirt wird das gesamte einfallende Licht absorbiert, bei einem weißen T-Shirt hingegen findet so gut wie keine Absorption statt). Der andere Teil des Lichts wird an der Gewebeoberfläche gestreut und fällt teilweise in unser Auge. Je nach der Zusammensetzung dieser Lichtanteile sehen wir dann die verschiedenen Farben.

Gerät das T-Shirt einigen nassen Tropfen in die Quere, wird diese übersichtliche Situation richtig chaotisch, denn nun tritt mit der Reflexion ein weiterer Genosse aus der Optik ins Spiel: Ein kleiner Teil des Lichts wird direkt am Wasserfilm reflektiert, der größere Teil hingegen gelangt auf die Oberfläche des T-Shirts. Dort wird, wie oben beschrieben, ein Teil des Lichts absorbiert (je nach der Farbigkeit des Stoffs), ein anderer Teil wiederum in alle Richtungen gestreut. Anders als beim trockenen Stoff aber erreicht nur ein Bruchteil dieses gestreuten Lichts das Auge des Betrachters, denn ein Teil davon wird an der Grenze zwischen Wasserfilm und Luft reflektiert und fällt auf die Oberfläche des T-Shirts zurück. Dort wird wiederum ein Teil absorbiert und ein anderer gestreut, wobei von den nun gestreuten Lichtstrahlen auch wieder ein Teil an der Wasser-Luft-Grenze reflektiert und auf die T-Shirt-Oberfläche zurückgeworfen wird. So geht das munter hin und her bis zum Sankt-Nimmerleins-Tag oder zumindest so lange, wie Licht auf das Gewebe fällt bzw. der Stoff noch nass ist. Deshalb erreichen in der Summe weniger Lichtstrahlen, die auf das nasse T-Shirt fallen, das Auge, als es bei einem trockenen der Fall ist. Ein Weniger an Licht ist ein Mehr an Dunkel, so ist das nun mal auf der Erde.

Dieser Umstand liefert dann auch gleich die Erklärung, warum besonders dünne, weiße T-Shirts in nassem Zustand bei Lichteinfall durchsichtig werden. Verlässt an einer nassen Stelle weniger Licht das Gewebe, so wird mehr Licht vom Gewebe absorbiert. Da dieses Gewebe aber nass ist, enthält es neben den Molekülen und Atomen des Materials auch Wassermoleküle. Reines Wasser ist durchsichtig, denn Lichtstrahlen können ungehindert an den Wassermolekülen vorbei und somit das Wasser passieren. Dasselbe geschieht auch im nassen Stoff: Ein Teil der in das nasse Gewebe eindringenden Lichtstrahlen kann dort ungehindert hindurchschwingen, wo diese auf ihrem Weg auf Wassermoleküle treffen.

Gedächtnis im Wasser: Haben Worte eine Wirkung?

Dass Wasser ein verrücktes Element ist, haben Sie schon auf Seite 56 gelesen. Doch Wasser ist noch viel verrückter, wie die Forschungsarbeiten des japanischen Wissenschaftlers Masaru Emoto, Präsident des Allgemeinen Forschungsinstituts Japan, und von Prof. Dr.-Ing. Bernd Kröplin vom Institut für Statistik und Dynamik der Luft- und Raumfahrtkonstruktionen (ISD) der Universität Stuttgart zeigen. Seit Mitte der 1980er-Jahre erforscht Emoto die energetische Struktur des Wassers und entwickelte eine Methode, wie man die Kristalle von gefrorenem Wasser fotografieren kann. Seine Funde sind erstaunlich: Je nachdem, wo das Wasser herkommt, sind auf den atemberaubenden Fotos völlig unterschiedliche Wasserkristalle zu erkennen. In klarem, reinem Quellwasser etwa bilden sich fein verästelte Gebilde, die an die filigranen Konstruktionen von Schneeflocken und Eisblumen erinnern. Auch die aus heiligen Quellen wie etwa in Lourdes gewonnenen Eiskristalle zeigen wunderschöne Strukturen. Wurde stattdessen aber mit Chlor gereinigtes (!) Trinkwasser verwendet, entstanden gar keine Kristalle – die Fotos zeigen nur unförmige, hässliche Mikro-Eisklumpen.

Da nach den Erkenntnissen der Quantenphysik die Welt und alles Materielle aus Schwingungen besteht, folgerte Masaru Emoto, dass das Wasser die Schwingungen aus seiner unmittelbaren Umgebung aufnehmen und sogar kopieren kann, indem sich seine Molekularstruktur ändert. Der Doktor der alternativen Medizin wollte das genauer wissen. Er setzte Wasser verschiedenen Schwingungen in Musik, Sprache und Worten aus und stellte Erstaunliches fest. Spielte er normalem Trinkwasser, das keine Kristalle gebildet hatte, ein harmonisches Geigenstück von Johann Sebastian Bach vor, so entwickelten sich nun auch wieder wunderschöne Kristalle. Traurige koreanische Volkslieder zeigten diese Wirkung hingegen nicht. Und auch das Schwingungsmuster von gesprochenen oder auf Wassergläser geschriebenen Worten werden vom Wasser kopiert: „Danke", „Liebe" oder „Glück" verändern die Struktur des Wassers zum Positiven hin.

Die Forschungsergebnisse von Prof. Dr. Kröplin weisen in dieselbe Richtung: Wasser verändert sichtbar seine Struktur durch äußere Einflüsse. Handy- oder Röntgenstrahlen etwa bewirken eine in der Vielfalt verarmte Struktur, unterschiedliche Musikstile wie sanfte Klavierwerke oder dröhnende Rockstücke bilden sich auch in den Körperflüssigkeiten ab.

Zahlreiche Wissenschaftler raufen sich angesichts dieser Ergebnisse die Haare. Aber wäre es nicht sagenhaft, wenn das Reinigen von Wasser auf solch einfache Weise möglich wäre – man denke nur an die zahlreichen ungelösten Probleme mit verschmutztem Trinkwasser auf der Erde? Und wenn man mit durch Liebe, Dankbarkeit, Freude und Harmonie beschwingtem Wasser Glück und Frieden in die ganze Welt tragen könnte – wäre das nicht ein Segen?

Mattscheibe: Warum vereisen Autoscheiben nicht im Carport?

Ärgerlich! Während die Laternenparker an jedem frostigen Wintermorgen ihre Autoscheiben mühsam freikratzen müssen (und damit gleich dem ersten inneren Konflikt des Tages ausgesetzt sind: mit oder ohne laufenden Motor – doch das ist ein anderes Thema), setzt sich der Nachbar an Sommer- wie an Wintertagen in sein Auto im Carport und fährt sofort los. Wie kommt das? War dessen Auto nicht ebenfalls die ganze Nacht über eisigen Temperaturen ausgesetzt? Das Stefan-Boltzman-Gesetz gibt eine Antwort auf diese Frage, zumindest auf einen Teil davon. Hinter dem Namen dieses bekannten thermodynamischen Gesetzes verbergen sich die beiden österreichischen Physiker Josef Stefan (1835–1893) und Ludwig Boltzman (1844–1906), die praktisch und theoretisch am Ende des 19. Jahrhunderts herausgefunden haben, dass alle Körper Wärme abstrahlen und somit auskühlen. Daher wirkt auf die Autoscheiben, wie auf alle Körper, nicht nur die Lufttemperatur, sondern auch die von der Umgebung auftreffende Strahlungsenergie.

Tagsüber, wenn die Sonne scheint, spielt sie die Hauptrolle im Ensemble der verschiedenen Einflussfaktoren. Über ihre Einstrahlung erreicht sehr viel Energie das Auto und heizt dieses, übrigens unabhängig von der Karosseriefarbe, auf. Im Sommer können dann die Innentemperaturen locker bei 70 °C liegen, und das ist weitaus höher als die Lufttemperatur. Auch die Strahlungsenergie, die von anderen Körpern aus dem unmittelbaren Umfeld ausgeht, reicht an einem richtigen Sonnentag nicht annähernd an die des ungleich weiter entfernten Himmelskörpers heran. Nachts, wenn die Sonne untergegangen ist, kommt hingegen nur noch sehr energiearme Strahlung an, das Auto kühlt aus – und zwar am meisten über die am wenigsten gut isolierenden Glasscheiben, die tagsüber auch für das kräftige

Aufheizen des Innenraums verantwortlich sind. Deshalb haben nachts die Scheiben auch die tiefste Oberflächentemperatur der Gesamtkarosserie.

Luft kann bei einer bestimmten Temperatur nur eine ganz bestimmte Wasserdampfmenge aufnehmen. Wir bezeichnen das als relative Luftfeuchtigkeit. Sinkt die Temperatur, so kann die Luft immer weniger Wasserdampf mitführen, bis schließlich bei weiterer Abkühlung Tauwasser ausfällt. Dieses schlägt sich zuerst an den Autoscheiben nieder, da dort die Temperatur am niedrigsten ist. Deshalb sind auch nach kühlen, klaren Sommernächten morgens die Scheiben beschlagen – im Winter bei frostigen Temperaturen aber bildet sich auf den kalten Autoscheiben eine Eisschicht. Kratzen ist angesagt.

Dem Auto unter dem Carport kann das nicht so schnell passieren, weil die nächtliche Strahlung durch das Dach abgeschirmt wird. Auf die Autoscheibe wirkt hier nur die Lufttemperatur – und die ist nachts im Alleingang höher als im Zusammenspiel mit der energiearmen Einstrahlung. An einem sonnigen Tag hingegen hält das Carportdach die warme Sonneneinstrahlung fern – daher erreichen die Innentemperaturen nie die hitzigen Werte eines im prallen Sonnenschein stehenden Autos.

Ist das Auto an einer Hauswand oder neben Sträuchern geparkt, frieren die diesen Objekten zugewandten Scheiben ebenfalls nicht zu: Bei der Hauswand, die ja vom Innenraum aus beheizt wird, wird tatsächlich nach dem Stefan-Boltzman-Gesetz fortlaufend Wärme abgegeben, bei den Bäumen und Sträuchern hingegen wird ein Teil der aus dem Universum einfallenden Kältestrahlung abgeschirmt. Daher können Sie – anstatt einen teuren Carport zu bauen – auch diese physikalischen Phänomene nutzen und in der nächsten frostigen Winternacht einfach direkt neben einem Gebäude oder einer Hecke parken. Dann fällt der winterliche Frühsport etwas weniger schweißtreibend aus.

Blitzblank: Warum glänzen Metalle?

Spiegelnd glänzende Oberflächen kennt man nicht nur vom namengebenden Spiegel, sondern auch von Wasserflächen und Metallen. Dieser Glanz entsteht, weil das Licht nicht (oder so gut wie gar nicht) in diese Materialien eindringen kann und gänzlich (oder fast gänzlich) reflektiert wird. Nur eine extrem dünne Schicht aus Metall, etwa auf den reflektierenden Gläsern von Sonnenbrillen, ist für das Licht transparent.

Dass Metalle Licht reflektieren, liegt an deren besonderer Molekularstruktur. Metalle sind im Grunde genommen dichtestmögliche Kugelpackungen, zwischen denen die Elektronen frei herumschwirren. Der bekannte Festkörperphysiker John Michael Ziman (1925–2005) verglich Metalle einmal mit einer Art kommunistischer Gesellschaft, in der alle Ionen alle Elektronen gemeinsam besitzen und in der sich die Elektronen frei von einem Ion zum anderen bewegen. Dadurch bilden die Elektronen eine Art „Elektronengas", das für Licht undurchdringlich ist. Dieses Elektronengas ist aber nicht nur für die Reflexion des einstrahlenden Lichts verantwortlich, sondern auch für die hervorragende elektrische und Wärmeleitfähigkeit. Weil der metallische Glanz mit der Leitfähigkeit zunimmt, glänzt Silber mehr als etwa Eisen oder Aluminium.

Bei den meisten Metallen wird erst ultraviolettes Licht, das für menschliche Augen unsichtbar ist, absorbiert. Diese Metalle erscheinen menschlichen Augen silbrig, während sie sich Vögeln, die ultraviolettes Licht sehen können, in bunten Farben präsentieren. Gold erhält seine typisch gelbe Farbe, weil es die langwelligen Lichtstrahlen im sichtbaren Bereich absorbiert und nur das Licht geringerer Frequenzen reflektiert. Paul Klee beschrieb die Farben von Metall mit folgenden Worten: „Gold ist ein Hin-und-Her-Vibrieren von sattem Gelb nach einem Weiß von überstarker Helle. Ein beweglich bestimmter Wert.

Silber vibriert von Dunkel nach sehr Hell und ist ebenfalls beweglich bestimmt. Kupfer ist ein Vibrato von Rotorange nach Überhell. Die Metallwerte sind aparte bildnerische Mittel."

Übrigens: Auf glänzenden Oberflächen wie Spiegeln, Wasserflächen und Metallen gibt es auch keinen Schatten, oder haben Sie darauf schon einmal einen gesehen?

Stille Nacht: Warum ist es draußen leiser, wenn es frisch geschneit hat?

Ein Spaziergang in frisch verschneiter Landschaft ist nicht nur eine Wohltat für Lungen, Beine und Gehirn, sondern auch für die lärmgeplagten Ohren. Leise rieselt nicht nur der Schnee, still und starr ruht nicht nur der See, auch alle Geräusche ertönen wie von einer dicken Wattehaube bedeckt. Anders in einer herrlichen Sommernacht: Nun scheint die kilometerweit entfernte Autobahn direkt neben dem eigenen Schlafzimmerfenster zu verlaufen. Spielt uns da unsere hochkomplexe Psyche einen Streich oder ist etwas dran an der unterschiedlichen Lautwahrnehmung?

In der Tat wird der Schallpegel auch von den Eigenschaften des Bodens und der jeweiligen Wetterlage beeinflusst. Deshalb kann der Lärm einer Autobahn in einem Kilometer Entfernung um das Achtfache variieren.

Mit der Frage, wie die unterschiedliche Beschaffenheit des Bodens auf die Ausbreitung von Schallwellen wirkt, beschäftigen sich die Bauphysiker bei der Suche nach lärmdämpfenden Materialien. Schnee erhielt von diesen Wissenschaftlern die Note 1 mit Stern, denn die einzelnen Schneeflocken klumpen bald zu einer schwammähnlichen Eismasse mit unzähligen Hohlräumen zusammen. Dann werden die Schallwellen nicht mehr wie auf einer glatten Oberfläche mit unveränderter Lautstärke reflektiert, sondern dringen auch in das labyrinthartige Höhlensystem der

Schneeschicht ein, werden dort völlig ausgebremst und können nicht mehr hinaus. Der Lärm verschwindet, weil die Bewegungsenergie der Schallwellen an den Hohlraumwänden Reibung erzeugt. Folglich wird der Schall in Wärme umgewandelt, die der Schnee absorbiert. Vielleicht trägt zum Abschmelzen der Gletscher auch die immense Lautstärke bei, mit der die Menschen auf der Erde schalten und walten – ein kühner Gedanke.

90 Prozent Hohlräume auf 10 Prozent Eismasse scheint das Optimum zu sein. So schluckt eine 5 Zentimeter dicke Schneeschicht dieser Beschaffenheit Geräusche geradezu hervorragend und besonders gut die hohen Töne. Logisch, denn hohe Töne verursachen einfach nicht so starke Schallwellen wie tiefe – man denke an das tiefe Donnergrollen aus der Ferne oder die tiefe Tonlage der Nebelhörner. Schallschluckende Straßenbeläge ahmen diesen Effekt nach, freilich nicht mit leise rieselndem Weiß, sondern durch poröse schwarze Bitumenschichten, die auch für den Autofahrer merklich die Rollgeräusche der Reifen verringern. Sie haben das sicherlich schon auf manchen neuen Straßen erlebt: Plötzlich gleitet das Auto wie auf leisen Kufen dahin.

Neben dem Boden haben aber auch der Wind, die Temperaturschichtung in der Atmosphäre und der Feuchtigkeitsgehalt der Luft eine deutliche Wirkung auf die Lärmverbreitung. Den Effekt kennt jeder: Die gegen den Wind nach vorn ausgesprochene Aufforderung „Gib mir mal bitte die Wanderkarte!" wird vom Hintermann kaum gehört. Wenn man dagegen den Kopf nach hinten wendet, um mit dem Wind zu reden, klappt die Verständigung besser. Dass Geräusche nachts tatsächlich (und nicht nur eingebildet) lauter gehört werden als tagsüber, gehört hingegen weniger zum Alltagswissen. In klaren Nächten etwa ist es am Boden oft kühler als weiter oben. Dann werden die Schallwellen zu den Schichten mit kühleren Temperaturen hin, also zum Boden, gelenkt und dort vielfach reflektiert – sprich verstärkt. Deshalb hören wir den Lärm viel lauter. Besonders heftig ist dieser Effekt in 200 Metern Entfernung zur Lärmquelle, egal ob das eine befahrene Straße oder die quakenden Frösche im benachbarten Gartenteich sind. Tagsüber hingegen sind die bodennahen Luftschichten meist wärmer als die höheren. Auch dann wandern die Schallwellen zu den kühleren Temperaturen, aber nun eben nach oben. Deshalb ist der Verkehrslärm im fünften Stock eines Hauses lauter als auf dem Bürgersteig. Grund für dieses Naturphänomen ist, dass der Schall sich in kalter Luft langsamer ausbreitet als in warmer.

Noch schneller breiten sich Schallwellen im Wasser aus. Obwohl es eine höhere Dichte als Luft hat, hört man unter der Wasseroberfläche Geräusche viel lauter als darüber. Im flüssigen Zustand liegen nämlich die Wassermoleküle ungleich näher beisammen als im gasförmigen Zustand. Daher können die Schallwellen leichter von einem Molekül zum nächsten übertragen werden – und genau aus diesem Grund sind regennasse Fahrbahnen auch um so viel lauter als trockene.

Stimmungsringe: Wie verändern Kristalle ihre Farbe?

Vor einigen Jahren waren sie ganz groß in Mode, und auch heute noch sind sie im Umlauf: Stimmungsringe oder Mood Rings, an deren Farbe man mit einem Blick angeblich die Stimmung des Trägers erkennt. Ist der eingefasste Stein etwa violett gefärbt, so sei der Betreffende voller glücklicher und romantischer Gefühle, während eine gelbe Farbe Aufgeregtheit und Brauntöne eine nervöse bis ängstliche Verfassung anzeigen sollen. Emotionalkunde leicht gemacht, so könnte man denken.

In der Tat wechseln Stimmungsringe ihre Farbe, aber mitnichten hat dies mit der Gemütslage des Trägers zu tun. „Thermochromie" heißt das Zauberwort. In den Quarz oder das Glas dieser Ringe sind thermochromische Flüssigkristalle eingelassen.

Diese Substanzen wechseln ihre Farbe bei verschiedenen Temperaturen. Steigende Temperaturen führen zu einer Änderung der ursprünglichen Molekularstruktur der Flüssigkristalle. Dadurch werden andere Wellenlängen des Lichts absorbiert oder reflektiert und die Farbigkeit ändert sich. Sinkt die Temperatur, so kehren Elektronen und Farbe in den ursprünglichen Zustand zurück.

Bei den Mood Rings etwa zeigen die Pigmente bei einer normalen Hauttemperatur an den Fingern von 28 °C eine grüne Farbe. Ist ein Mensch glücklich, steigt infolge guter Durchblutung die Körpertemperatur und die Pigmente ändern ihre Farbe über Blau zu Violett. Unter Stress oder bei großer Aufregung und Ängsten hingegen fließt weniger Blut in den äußeren Adern, woraufhin die Temperatur der Haut sinkt. Die Pigmente im Ring zeigen daraufhin gelbe bis braune Farbtöne. Nun ja, könnte man meinen – da stimmen ja Emotion und Farbe überein. Doch was passiert bei einem fieberkranken Menschen? Angesichts eines tief violett gefärbten Mood Rings müsste sich dieser mindestens auf Wolke 7 befinden. Im Übrigen ist der Farbwechsel nicht beliebig oft wiederholbar. Mit der Zeit lässt die „hellseherische" Fähigkeit der Flüssigkristalle nach und die Pigmente werden und bleiben schwarz.

Wenn Sie nun denken, dass sei doch bloße Spielerei, so täuschen Sie sich: In der Industrie, aber auch im täglichen Leben spielen temperaturabhängige Farbstoffe eine zunehmend wichtige Rolle und werden bei vielen Anwendungen eingesetzt. Da gibt es zum Beispiel spezielle Baby-Plastiklöffel und Badeentchen, an deren Farbe man sofort erkennt, ob der Brei oder das Badewasser zu heiß ist. Thermochrome Farbstoffe befinden sich auch in speziellen Farbwechselkreiden, deren Farbe – dann oft dauerhaft – bei bestimmten Temperaturen in Sekundenschnelle umschlägt. Mit ihnen kann beispielsweise die lückenlose Kühlkette beim Transport von gefrorenen Hähnchen und Speiseeis überwacht werden. Und das ist ja, im Gegensatz zu den witzigen Mood Rings, durchaus sinnvoll.

Kleinigkeiten: Wie viele Atome passen in einen Fingerhut?

Mit dem meist respektvoll verwendeten Wort Atom verbinden die meisten Menschen nichts Gutes. Zu eng ist die assoziative Nähe mit einem gesundheitsschädlich strahlenden Atomkraftwerk, der ganz und gar unguten Atombombe oder sonst einer verheerenden Errungenschaft des Atomzeitalters. Aber: Der Atom-Begriff verdient unbedingt eine angstfreie Betrachtung, denn die Entdeckungen rund um die winzigsten Bestandteile aller Stoffe gehören zu den grandiosesten Leistungen der modernen Naturwissenschaften. Ohne Kenntnis der Atome wären weder die moderne Physik und Chemie noch die gesamten Lebenswissenschaften denkbar. Alles, aber auch wirklich alles, was in Pflanzen, Tieren und natürlich auch in uns selbst vorgeht, hat mit Atomen und deren geordneten Wechselwirkungen zu tun.

Wenn man die Stoffe in immer kleinere Portionen zerlegt, dachten sich der griechische Naturphilosoph Leukippos (genaue Lebensdaten unbekannt) und sein Kollege Demokrit von Abdera (ca. 460–375 v. Chr.) schon im vierten vorchristlichen Jahrhundert, muss man doch irgendwann einmal zu einem nicht mehr weiter teilbaren Etwas kommen. Dieses Unteilbare nannte Demokrit konsequent *atomos*. Weit über 2000 Jahre lang hatte diese Idee von den nicht weiter zerlegbaren Kleinstteilchen Bestand, bis der aus Neuseeland stammende Physiker Ernest Rutherford (1871–1937) noch vor dem Ersten Weltkrieg durch Experimente nachweisen konnte, dass auch die Atome immer noch Baukastensysteme sind. Sie bestehen aus einem kompakten Atomkern und einer lockeren mit Elektronen besetzten Atomhülle. Kern und Hülle stehen zueinander ungefähr im Größenverhältnis von 1 : 10 000. Denkt man sich den Atomkern etwa so groß wie eine Stubenfliege, dann hat die Atomhülle ungefähr die Größe des Kölner Doms. Der größte Teil eines Atoms ist also tatsächlich leerer Raum.

Wie groß – oder besser klein – sind denn nun die Atome? Dazu wählen wir als Bezugsvolumen einen ganz normalen Fingerhut, der nach einer verbreiteten Redensart als Bild für eine ziemlich kleine und unbedeutende Menge steht. Wie viele Atome in einen Fingerhut passen, hängt von der Materialwahl und auch davon ab, ob der betreffende Stoff ein Gas, eine Flüssigkeit oder ein Festkörper ist. Der Einfachheit halber betrachten wir einmal einen haushaltsüblichen Fingerhut von 3,5 Millilitern Innenvolumen voll Luft. Die Anzahl der Atome in dieser Gasfüllung kann man relativ leicht ausrechnen, wobei man eine von dem italienischen Grafen Lorenzo Romano Amedeo Carlo Avogadro (1776–1856) um 1811 entdeckte Beziehung anwendet. Danach sind in 22,4 Litern eines idealen Gases $6,022 \times 10^{23}$ Teilchen enthalten. Mmh: $6,022 \times 10^{23}$ – das ist ja eine Zahl mit 23 Stellen links vom Komma und erweist sich somit voll ausgeschrieben als das Ziffernungetüm 60 220 000 000 000 000 000 000. Das sind zwar endlich viele, aber zugegebenermaßen unvorstellbar viele Gasteilchen. So ist es. Die 19 verdächtigen Nullen dieser Zahl zeigen übrigens, dass die sogenannte Avogadro-Konstante trotz ihrer genialen Verwicklungen wirklich nur ein Näherungswert sein kann, denn die Natur verhält sich in diesen Dimensionen so gut wie nie einfach und glattzahlig. Um den ganz genauen Wert, der mit Sicherheit eine ziemlich wirre Ziffernfolge umfasst, ringt man derzeit weltweit mit kompliziertesten Bestimmungsverfahren. Unter anderem ist an dieser gar nicht so schlichten Herausforderung an die Messtechnik auch die Physikalisch-Technische Bundesanstalt in Braunschweig beteiligt.

Die oben benannten $6,022 \times 10^{23}$ Gasmoleküle nehmen unter Normalbedingungen wie gesagt ein Volumen von 22,4 Litern ein. In einem 3,5 Milliliter fassenden Fingerhut sind es aber immer noch $9,41 \times 10^{19}$ Gasteilchen. Diese Zahl ist zwar um vier Größenordnungen kleiner, aber dennoch nicht wesentlich besser vorstellbar.

Knallharte, rasante und sonstige starke Typen
aus Flora und Fauna

Saisonlaune: Herbstzeitlose – zu spät oder zu früh?

Mit dem Herbstbeginn ist die eigentliche Blühsaison so gut wie zu Ende. Die wenigen Wildpflanzen, die jetzt dennoch in Blüte stehen, sind entweder temperamentarme Nachzügler des Hoch- und Spätsommers oder solche, die sich nicht unbedingt an die klimatischen Vorgaben der Jahreszeiten halten. Auch die Herbstzeitlose *(Colchicum autumnale)* blüht offensichtlich zur Unzeit und führt diese Eigenart sogar im Namen – Blütezeit und Laubaustrieb sind zeitlich völlig entkoppelt und um Monate voneinander getrennt. Außerdem sieht sie auch noch recht seltsam aus: Begegnet man ihr an ihrem Lieblingsstandort, ohne störende oder sonstwie verwirrende Halmkulisse, erkennt man sofort, dass normal grüne Laubblätter gar nicht vorhanden sind. Die große Blüte kommt ohne weitere Hüll- oder Schuppenblätter unmittelbar aus dem Boden. Die Blütenblätter gehen in eine lange, schlanke, rundum geschlossene, nach unten weißliche Röhre über. Innerhalb der Blüte findet man eine dreiteilige Narbe und sechs Staubblätter, aber erstaunlicherweise keinen Fruchtknoten. Dieser sitzt fast zwei Handbreit tiefer im Boden innerhalb einer Knolle. Die gesamte Blütengröße berechnet sich also aus den 4 bis 8 Zentimetern Länge der freien Blütenblattzipfel und der bis zu 25 Zentimeter langen Blütenröhre. Mit diesen rund 30 Zentimetern Gesamtlänge ist die Blüte der Herbstzeitlosen zweifellos der absolute Rekordhalter unter den europäischen Blütenpflanzen.

Entsprechend weit ist der Weg, wenn die von Insekten herangeschleppten Pollenkörner auf der Narbe zum Pollenschlauch auskeimen. Dieser schlanke Schlauch, der nur aus einer einzigen Riesenzelle besteht, muss die gesamte Distanz von der Narbe durch das Griffelgewebe bis zu den Samenanlagen tief im Boden überwinden. Bei den meisten Blütenpflanzen anderer Konstruktionstypen sind dazu höchstens einige Millimeter oder allenfalls wenige Zentimeter zu überwinden. Für seinen beachtlichen Langstrecken-Parcours benötigt der Pollenschlauch bei der Herbstzeitlosen verständlicherweise mehrere Wochen. Mit dem fortschreitenden Herbst wird er bei seinem Tiefgang zudem spürbar gebremst durch die sinkenden Außentemperaturen. Die Befruchtung erfolgt daher erst im fortgeschrittenen Winter.

Ab Frühjahr streckt sich dann die Sprossachse und schiebt die glänzend dunkelgrünen Blätter und eine ovale Kapsel aus dem Boden. Kurioserweise entwickelt sich also am grünen oberirdischen Spross dieser Pflanze scheinbar im Direktverfahren eine mit zahlreichen Samen gefüllte Frucht, ohne dass in der neuen Saison die zugehörige Blüte zu sehen gewesen wäre. Das ist natürlich nur möglich, weil die Blüte bereits im Vorjahr stattgefunden hat.

Eine so deutliche Vorverlagerung der Blühphase vor die Entfaltung der Blattorgane macht die Herbstzeitlose aber keineswegs zum Außenseiter. Auch bei anderen Pflanzenarten ist die zeitliche Trennung der beiden Prozesse zu finden. Windbestäubte Waldgehölze wie Erle, Hasel oder Birke hängen ihre baumelnden Kätzchenblüten in die Frühjahrsluft, bevor das dichte Laubwerk dem Pollenflug zu viele Hindernisse in den Weg setzt.

Der herbstliche Blühtermin, mit dem die Herbstzeitlose noch vor dem baldigen Wintereinbruch das Frühjahr vorwegnimmt und sich somit als extremer Frühblüher qualifiziert, mag eine Anpassung an das saisonal trockene Steppenklima ihrer ursprünglichen Heimat gewesen sein, passt aber zufällig recht gut in den traditionellen Bewirtschaftungsrhythmus von Wiesen und Weiden: Die Pflanze blüht nach der letzten Mahd und fruchtet, bevor die Sense alle aufstrebende Botanik erneut flachlegt. Interessanterweise gibt es in der Gattung *Colchicum*, zu der unsere schmucke Herbstzeitlose gehört, neben weiteren Herbstblühern auch solche, die sich im Blühtermin eher im Rahmen des Üblichen verhalten und völlig normal im Frühjahr blühen. Ähnlich ist es übrigens auch in der Gattung *Crocus*: In mitteleuropäischen Gärten sieht man fast ausnahmslos die verschiedenen Arten und noch mehr Sorten von Frühlingskrokussen. Im Mittelmeergebiet finden sich dagegen auch Arten, die wie die Herbstzeitlose im September, Oktober blühen und ähnlich blattlos im Freien stehen.

Ährensache: Wie ein Halm die Körner trägt

Was ein Getreide- bzw. Grashalm (ist im Prinzip ohnehin dasselbe) vorführt, ist schon ein ziemlich starkes Stück: Auf einem überraschend dünnen Stängel aus weichem Gewebe, das man sogar zwischen den Fingern ohne nennenswerte Widerstandserklärung zerdrücken kann, trägt er als Blüten- oder Fruchtstand eine vergleichsweise schwergewichtige Ähre oder Rispe, ohne unter der reifen Last einfach zusammenzubrechen. Ein einfacher Versuch in Feld oder Flur zeigt, dass man ihm sogar noch eine zweite Ähre aufbinden kann. Der Halm verbiegt sich zwar elastisch ein wenig stärker und hängt eventuell leicht durch, aber er knickt bei sorgsamer Handhabung der Zusatzbelastung bestimmt nicht einfach weg.

Angesichts dieser Leistungsbereitschaft weiß man im Grunde gar nicht so recht, worüber man mehr staunen soll – über die im Vergleich zur Traglast ausgesprochen grazile Gestalt des meterhohen Halmes oder über seine beachtliche Statik, die eine viele Gramm schwere und mit dicken Körnern gespickte Ähre scheinbar mühelos (er)trägt. Getreidehalme können ebenso wie viele heimische Wildgrasarten durchaus über einen Meter hoch werden, obwohl man heute aus Gründen der Ernteerleichterung überwiegend kurzhalmige Getreidesorten einsetzt. Trotz dieser beachtlichen Wuchshöhe ist der Halm an der Basis nur ungefähr 3 Millimeter dick. Sein sogenanntes Schlankheitsverhältnis liegt demnach im Bereich von etwa 1 : 400.

In technische Dimensionen übersetzt bedeutet diese Maßzahl, dass Fernmeldetürme, Fabrikschornsteine oder andere himmelstürmende Hochbauten bei 100 Metern Höhe an ihrer Basis allenfalls 25 Zentimeter (!) Durchmesser aufweisen dürften. Dann schauen Sie sich daraufhin einmal einen Antennenmast oder sonstigen den Kommunikationszwecken gewidmeten Turm in Ihrer Stadt genauer an: Der Turmfuß ist mit Sicherheit um ein Vielfaches dicker und weist somit geradezu XXL-Abmessungen auf. Aus statischen und sonstigen konstruktiven Gründen ist ein Gebäude in den Maßzahlen eines Getreidehalmes einfach nicht umsetzbar. Es könnte nicht freitragend stehen, mal ganz abgesehen davon, dass es mechanischen Belastungen durch seitlich angreifenden Winddruck gar nicht standhalten könnte. In besonders günstigen Fällen weisen technische Konstruktionen wie Lampenmasten, Antennentürme oder Brückenpfeiler ein Schlankheitsverhältnis um 1 : 50 auf. Sie lehnen sich zwar im Aussehen an die Merkmale eines Grashalmes an, ohne indessen seine herausragenden statischen Qualitäten ganz zu erreichen. Der simple Halm ist offenbar den besten Ingenieurleistungen um Welten voraus. Wie ist das möglich?

Gras- und Getreidehalm sind bis auf die von außen sicht- und fühlbaren Blattknoten durchweg hohl. Sie verbinden damit ihre bemerkenswerte Standfestigkeit auch noch mit einer beachtlichen Materialökonomie. Die relativ dünnen Halmwände werden von mehreren feinen Fasersträngen durchzogen – den Leitbündeln, die der Stoffleitung dienen und höhere Pflanzenregionen unter anderem mit Wasser und darin gelösten Mineralstoffen aus dem Boden versorgen. Eine kräftigende Ummantelung aus verholztem Gewebe steift die Leitbahnen individuell und rundum aus. Diese verholzten Teile liegen im Halm jeweils ganz weit außen und somit beinahe direkt unter der Oberfläche. Gerade diese Anordnung verspricht eine besondere Biegefestigkeit. Außerdem leiten sie Schwerkräfte besonders wirksam ab, ähnlich wie die Pfeilerbündel in einer gotischen Kathedrale. Fast alle übrigen Zellen der Halmgewebe sind prall mit Wasser gefüllt und stehen folglich ganz schön unter Druck wie ein saftiger und deswegen knallharter Apfel. Auch davon geht eine besondere festigende Wirkung aus, wie der Vergleich zwischen einem aufgepumpten und einem total schlaffen Fußball zeigt.

Menschliche Technik kann also aus den konstruktiven und seit Jahrmillionen bewährten Problemlösungen der belebten Natur eine Menge lernen. Diesen besonderen Sachverhalt greifen die Forschungsfelder der Bionik auf. Darunter versteht man die Verzahnung *bio*logischer Erfolgsmodelle mit den Anforderungen an die Lösungen der Tech*nik*.

Kellerkinder: Warum sind Kartoffeltriebe lang und bleich?

Obwohl sie von Natur aus ein unterirdisches Dasein im Wurzelraum führt, ist die Kartoffel keine Wurzelknolle, sondern ein direkter Abkömmling der Sprossachse. Das sieht man an den halbmondförmigen Resten von Schuppenblättern rund um die sogenannten Kartoffelaugen, die nichts anderes als Ruheknospen darstellen: Blattorgane entstehen grundsätzlich nur an Sprossachsen und niemals an Wurzeln.

Ist es der bei Dunkelheit gelagerten Kartoffel zu warm, empfindet sie die Lagertemperatur als Signal für den Aufbruch in die neue Vegetationsperiode und aktiviert ihre Ruheknospen – die Knolle keimt. Das Ergebnis sind bei fortdauernder Dunkelheit lange, bleiche und blattlose Triebe, die nicht besonders gesund und jedenfalls anders aussehen als eine normale Kartoffelpflanze im Garten. Das bleiche Gebilde ist jedoch eine biologisch höchst sinnvolle Einrichtung. Der Kartoffelknollentrieb ist nämlich so programmiert, dass er durch rasche

Streckung schnellstmöglich die Bodenoberfläche erreicht. Blätter wären an der wachsenden Sprossachse, solange diese sich zwischen den Bodenkrumen hindurchzwängen muss, äußerst hinderlich.

Sobald der Trieb aber an das Licht gelangt, findet eine gravierende Veränderung an ihm statt: Der heftige Längenschub wird deutlich abgebremst, und zusätzlich entwickeln sich jetzt völlig normal aussehende grüne Pflanzenorgane. Auslöser dieser Umsteuerung in der Entwicklung ist der langwellige Teil des Tageslichtes. Die Pflanze enthält nämlich ein äußerst sensibles Pigmentsystem (Phytochrom genannt), das nur auf Rotlicht anspricht und in den Zellen viele molekulare Schalter betätigt. Die bleichen Gestalten aus dem zu warmen Kartoffelkeller stellen also die Bodenphase im Leben der Kartoffelpflanze dar, die zum Licht drängt, um sich zur Normalentwicklung umstimmen zu lassen.

Absahner: Warum nennt man Falter Schmetterlinge?

Milch ist ein äußerst wertvolles, aber leider recht verbliches Lebensmittel. Eine der folgenreichsten Erfindungen der Kulturgeschichte war daher der Käse, mit dem die Milch nicht nur schnittfest, sondern vor allem für längere Zeit lagerungsfähig wird. Ein anderer und vermutlich ebenso alter Weg früher Lebensmitteltechnologie führt über den abgeschöpften Rahm zur Butter. Diese erhielt ihre Bezeichnung erst im 16. Jahrhundert vom altgriechischen Wort *butyron* bzw. von dessen lateinischer Form *butyrum*. Die Verbindungen der aus dem Milchfett gewinnbaren Buttersäure, gegen die selbst eine gut durchfeuchtete Socke ein olfaktorischer Hochgenuss ist, heißen bei den Chemikern Butyrate.

Die Herstellung von Butter war bis zum 18. Jahrhundert eine mühselige Angelegenheit. Bis dahin musste man den Rahm, der sich auf der Rohmilch gesammelt hatte, stundenlang in schmalen Butterfässern aus Holz im Handbetrieb stampfen und schlagen, bis sich alle Fettkügelchen schließlich zu einer einigermaßen geschmeidigen Masse vereinigt hatten. Später beschleunigten und erleichterten Zentrifugen zum Anreichern des Milchfetts sowie mechanische Rührwerke diesen Prozess.

Eine kritische Phase in der frühen Buttertechnik war die Gewinnung genügender Mengen von Rahm bzw. Milchfett, aus dem sich Butter schlagen ließ. Dazu ließ man die frisch von der Kuh gewonnene Milch einfach ein paar Tage lang stehen und schöpfte dann die oberste Schicht ab. Die auf der Oberfläche abgeschiedene Rahmschicht heißt im mitteldeutschen Sprachraum *Schmant* oder *Schmetten* (sprachlich verwandt übrigens mit dem tschechischen Familiennamen Smetana). Vor allem im Sommer suchten naschhafte Nachtfalter die eventuell ungesichert aufgestellten Rahmtöpfe auf, um sich ihren Teil des gehaltvollen Angebotes an Flüssignahrung zu holen. Dabei ereigneten sich durchaus Todesfälle, wenn die Tiere zu tief in die Fettmasse gerieten – die betroffenen Falter wurden so zu Schmetterlingen. Diese Bezeichnung wurde erst im Laufe des 18. Jahrhunderts über die Schriftsprache verbreitet und steht seither allgemein als Sammelbegriff für alle Tag- und Nachtfalter oder einzelne Arten wie Zitronen- bzw. Segelfalter. Aus der zutreffend beobachteten Vorliebe besonders der nachtaktiven Arten für die aufgestellten Rahmtöpfe entwickelte der Volksglaube die aberwitzige Vorstellung, Hexen seien nächtens in Schmetterlingsgestalt unterwegs, um Milch, Rahm und Sahne zu stehlen.

In der englischen Sprachwelt vollzog sich interessanterweise eine ganz ähnliche Begriffsbildung zur „Butterfliege": Hier heißen sämtliche Falter völlig unabhängig von tag- und nachtaktiven Arten generell *butterfly*.

Blüten-Striptease: Wie Äpfel Rosen welken lassen

Wenn die Sträucher und Bäume im Herbst ihre Blätter aus-
rangieren und nach kurzem Farbspektakel einfach zu Boden
schicken, ist das entgegen dem Augenschein kein bloßes Abwer-
fen oder Abfallen, sondern eine stationenreiche und vor allem
strikt kontrollierte Entwicklungsleistung. Der gesamte Prozess
unterliegt einer komplexen Kontrolle, an der auch pflanzliche
Hormone beteiligt sind. Zu den für den Blattfall besonders wirksamen Pflanzenhormonen gehört die Verbindung Ethen (Ethy-
len), ein sehr einfach aufgebauter Kohlenwasserstoff. Normalerweise wird sie im Inneren der Pflanze an die jeweiligen Wirkorte
geschickt. Diese Verbindung wirkt auch, wenn man sie von außen
verwendet. Mit erhöhten Ethen-Gaben lässt sich der Blattabwurf auch vorzeitig einleiten bzw. deutlich beschleunigen.

Das kann man in einem denkbar einfachen Experiment zu
Hause selbst ausprobieren. Als Beschleuniger für den Blattabwurf
durch das Pflanzenhormon Ethen verwendet man einfach reife
Äpfel, die diese Substanz in Mengen ausscheiden. Versuchsobjekt
für den künstlich eingeleiteten Blattfall sind zwei blühende Ro-
senzweige (am besten der Sortengruppe *Baccara* oder *Polyantha*).
Jede Rose stellt man in ein Konfitürenglas mit gewöhnlichem
Leitungswasser und setzt das Ganze anschließend jeweils in
einen ausreichend großen Gefrierbeutel. Zu einem der beiden
Versuchsansätze gibt man drei längs halbierte oder geviertelte
reife Äpfel. Die Gefrierbeutel werden mit Beutelklammern gas-
dicht verschlossen. Den Versuch lässt man – vor direkter Sonneneinstrahlung geschützt – etwa 4 bis 5 Tage lang laufen.

Im Versuchsansatz mit den Stücken reifer Äpfel sind nach der
Versuchszeit die meisten oder sogar alle Blütenblätter abgefallen.
Die eventuell noch an der Sprossachse sitzenden Blütenblätter
lassen sich im Vergleich zu denen des Kontrollzweiges zumindest
sehr leicht ablösen. Reife Äpfel sind ähnlich wie andere reife

Früchte äußerst ergiebige Ethen-Quellen. Dieser Stoff unterscheidet sich von anderen hormonartig wirkenden Verbindungen durch seinen gasförmigen Zustand, der es ihm erlaubt, die Pflanze seines eigentlichen Wirkens zu verlassen. Da er nach außen abgegeben wird, kann er seine Wirkung auch an artfremden Pflanzen in unmittelbarer Nachbarschaft entfalten. Ethen wirkt bereits bei minimalen Konzentrationen von wenigen Millionstel Gramm im Liter Luft. Mit dieser natürlichen Substanz kann man auch den Reifeprozess unreifer Früchte beschleunigen, indem man beispielsweise reife Äpfel und nur schmächtig errötete Tomaten in denselben Plastikbeutel sperrt.

Flotter Flitzer: Wie flink ist die Fliege im ICE?

Der schicke Intercity Express (ICE) ist das schnellste Paradepferd der Deutschen Bahn. Abschnittweise, nämlich auf den speziell ausgelegten Neubaustrecken, schießt er mit 300 Kilometern pro Stunde durch die Region. Die einbettende Landschaft ist dann kaum noch als solche wahrnehmbar. Da mag die Lektüre eines unterhaltsamen Buches – zum Beispiel gerade dieses – wesentlich kurzweiliger und ergiebiger sein.

Nehmen wir einmal an, zu den mitreisenden Fahrgästen gehört auch eine kommune Stubenfliege, die im rollenden Großraumwagen ihre eigenen Flugbahnen zieht. Dieses gewöhnliche, aber dennoch bewundernswerte Wesen ist unter den Insekten so etwas wie der erfolgreiche Kulturfolger schlechthin und trägt den wissenschaftlichen Namen *Musca domestica* somit sicherlich zu Recht. Stubenfliegen sind weltweit verbreitet und auch in unserem Klima während des größten Teils des Jahres aktiv. In Deutschland umfasst ihre engere Verwandtschaft etwas über 300 Arten; weltweit sind es nach bisherigem Kenntnisstand ungefähr 4000. Vor allem die sehr häufige Große Stubenfliege begibt sich gerne auf unentwegte Rundkurse um Lampen oder andere Einrichtungsgegenstände und landet hemmungslos überall, auf dem grübelnden Kopf des Intellektuellen ebenso wie auf dem gerade servierten Käsebrötchen. Fliegen sind allerdings nicht direkt auf menschliche Nähe angewiesen – ihre Larvenentwicklung läuft in warmen Misthaufen vor Bauernhöfen innerhalb einer Woche ab.

Zu Hause in der Wohnung und auch im ICE sind Stubenfliegen aus mancherlei Gründen keine gern gesehenen Gäste. Sie gelten als Lästlinge, weil sie sich nur mit mäßigem Erfolg verscheuchen lassen und partout immer dorthin zurückkehren, wo sie schon zuvor zum Ärgernis wurden. Überaus erstaunlich ist dabei, wie unfassbar reaktionsschnell sich eine Fliege aus praktisch jeder Lebenslage in Sicherheit bringt – ein minimaler Schatten oder erst recht ein leichter Luftzug lösen augenblicklich ein meist erfolgreiches Ausweichmanöver aus, und die zur Attacke ausholende Hand trifft ins Leere. Schon allein wegen solch fortgesetzten Verdrusses hat die Fliege so gut wie keine Chance, zum Sympathieträger zu werden.

Zumindest hätte sie jedoch Bewunderung verdient, denn ihre fliegerischen Leistungen stellen jeden Kunstflugakrobaten in den Schatten. Das Parademanöver einer Stubenfliege ist die Landung an der Zimmerdecke. Die Einzelbewegungen folgen so rasch aufeinander, dass das menschliche Auge die flugtechnischen Details zeitlich nicht auflösen kann. Nur Serien ultraschneller Blitzlichtaufnahmen können die Einzelheiten festhalten. Danach erfolgt der Landeanflug aus der Normallage im leicht ansteigenden Winkel von etwa 45° gegen den angepeilten Aufsetzpunkt an der Decke. Das vorderste Beinpaar, im Streckenflug sonst eng angewinkelt, streckt sich jetzt weit nach vorne und nimmt als Erstes Deckenkontakt auf. Feinste Greifhäkchen an den Fliegenfüßen rasten an irgendeiner Unebenheit ein und hängen das Tier wie an einem Reck auf. Der restliche Schwung vom Anflug lässt auch die zweiten und dritten Fußpaare an der

Decke aufkommen. Die gesamte Landung gleicht demnach einem halben Salto rückwärts – die Fliege sitzt anschließend kopfüber entgegen der ursprünglichen Flugrichtung.

Nun lassen wir die Fliege ihren Kurs durch den Großraumwagen nehmen. Ist sie jetzt – vorausgesetzt, sie fliegt in Fahrtrichtung – schneller als der ICE oder tatsächlich nur so schnell wie der unentwegte Lampenumkreiser zu Hause? Die zutreffende Antwort hängt wie immer vom gerade betrachteten Bezugssystem ab. In Bezug auf den ICE-Großraumwagen ist die Fliege mit ihrer normalen Fluggeschwindigkeit unterwegs. Die beträgt, wenn das Insekt keine betonte Eile entwickelt, rund 7 Kilometer pro Stunde. Bezogen auf einen Beobachter in der freien Landschaft, die der ICE gerade durchrast, gilt das sogenannte Newton'sche Additionstheorem: Die Fliege ist danach tatsächlich mit 300 ± 7 km/h unterwegs und damit klar schneller als der Zug. Kehrt sie um und fliegt gegen die Fahrtrichtung, ist sie natürlich entsprechend langsamer. Solange der ICE mit gleichbleibender Geschwindigkeit fährt und nicht gerade in eine Kurve biegt, bekommt die Fliege das Newton'sche Theorem übrigens auch gar nicht zu spüren. Nur beim Beschleunigen oder Bremsen des Zuges muss das Insekt seine eigenen Flugmanöver anpassen. Aber selbst eine bremsbedingt unsanfte Landung an der gläsernen Wagentür, bei der sich physikalisch gesehen die Impulse beider bewegter Körper addieren, würde der Fliege nichts anhaben. Ihr erstaunlich flexibler Chitinanzug kann eine Menge wegstecken, von der Fliegenklatsche einmal abgesehen.

Das Newton'sche Additionstheorem ist allerdings ein physikalischer Sonderfall unserer Alltagswirklichkeit. Lässt man den ICE im Gedankenexperiment mit Lichtgeschwindigkeit (c = 300 000 km/s) davonbrausen, wäre die Fliege beim Flugmanöver in Fahrtrichtung eigentlich sogar noch etwas schneller als das Licht. Seit 1905 weiß man jedoch, dass dies nicht nur technisch, sondern auch aus theoretischen Gründen schlicht unmöglich ist. Der geniale Albert Einstein (1879–1955) fand damals nämlich mit seiner Speziellen Relativitätstheorie heraus, dass die Lichtgeschwindigkeit c als Naturkonstante in allen Bezugssystemen unabhängig von der Lichtquelle und dem Beobachter ist. Das heißt nichts anderes als: Nichts auf dieser Welt kann schneller sein als das Licht.

Sicherer als Stahl: Leben am seidenen Faden

Sie kennen das oder vielleicht haben Sie es auch schon einmal in einem schlechten Traum erlebt: Seelenruhig sitzt man zu Hause im gemütlichen Sessel, und urplötzlich seilt sich von der Zimmerdecke eine Spinne ab, um direkt vor der eigenen Nase innezuhalten. Das ist ein kritischer Augenblick für Ihre weitere psychische Gesundheit, weil jetzt eventuell ein hysterischer Anfall einsetzt. Mit dieser weit verbreiteten Reaktion täten Sie dem Wesen, dessen Leben direkt vor Ihnen buchstäblich am seidenen Faden hängt, allerdings wirklich unrecht, ist es doch der Vertreter einer der interessantesten Tiergruppen überhaupt. Allein das gerade vollzogene Abseilen ist nicht irgendeine beliebige Luftnummer. Die Spinne hat den Faden erst im Moment der rasanten Talfahrt aus ihren rund 400 Spinndrüsen am Hinterleib hergestellt. Sollte sie im nächsten Moment ihrerseits panisch das Weite bzw. wieder die Höhe suchen, hangelt sie sich am eigenen Faden ganz rasch hoch und frisst ihn dabei einfach auf.

Auch in der Natur spinnen erstaunlich viele – die Spinnen sowieso, ferner die zahlreichen Spinnmilben und die zu den Schmetterlingen gehörenden Spinner, bei denen die Raupen oft sehr auffällige Gespinste bilden oder extrem leichtgewichtige Puppenkokons fertigen, in denen sie sich bei der Verwandlung zum flugfähigen Vollinsekt schützen. Die für Kokons, Radnetze oder andere Spinnereien eingesetzten Fäden sind ein geradezu unglaubliches Material. Sie bestehen aus Proteinen (Eiweißstoffen) und gehören schon allein deswegen zu den besonders bewundernswerten Naturstoffen, weil sie selbst den Kunstfasern der modernen Polymerenchemie bei Weitem überlegen sind. Die sogenannte Reißlänge eines Spinnfadens aus dem Fangnetz der Gartenkreuzspinne beträgt etwa 80 Kilometer – erst bei dieser Länge reißt er unter seinem ohnehin extrem geringen Eigengewicht ab. Die Reißfestigkeit beträgt damit etwa 45 kg/mm² bei einem tatsächlichen Fadenquerschnitt von 5 bis 21 Tausendstel Millimeter. Das ist viermal mehr Belastbarkeit als bei einer Stahlstrippe. Am seidenen Faden zu hängen, ist daher sicherer als eine Fahrt mit der Bergbahn am zentimeterdicken Stahlseil. Dennoch verwendet die Umgangssprache das Bild des zarten und angeblich zerbrechlichen Seidenfadens im Sinne einer hochgradigen Gefährdung.

Spinnenseide ist nicht nur reißfest, sondern auch ungemein elastisch. Das zeigt bereits der Fangvorgang am aufgespannten Radnetz. Wenn eine größere Fliege oder gar eine Hummel mit vollem Tempo in das Netz brettern, reißen sie erfahrungsgemäß nicht einfach ein Loch in die Konstruktion und fliegen geradeaus weiter, sondern zappeln alsbald hilflos an den Klebetropfen der Fäden. Die Spinnenseide federt die Bewegungsenergie des anfliegenden Insektes durch elastische Verformung ab und leitet so einen ungewöhnlich schnellen Bremsvorgang ein. Auf der molekularen Ebene kommt diese Leistung dadurch zustande, dass die Fäden aus verdrillten Proteinketten bestehen, die ihrerseits abschnittweise wie eine Ziehharmonika aufgefaltet oder spiralig gewunden sind. Diese molekulare Feinstruktur steckt im Belastungsfall eine Menge Energie weg und hält – obwohl ein Spinnfaden fast 50-mal dünner als ein Haar ist. Könnte man aus normaler Spinnenseide Textilien herstellen, würde auch eine betont füllige Dame, die sich in ein sündhaft teures, aber doch zu enges Abendkleid aus Seide gezwängt hat, nicht so bald aus den Nähten platzen, denn das Material ihrer Garderobe hielte Erstaunliches aus.

Die beim geschilderten Abseilen Ihrer Hausspinne eingesetzte Spinnseide und selbst die vielen Meter Fadenmaterial tropischer Spinnen, die Netze von bis zu 10 Metern Durchmesser bauen, sind eigentlich wenig im Vergleich zur Fadenlänge, die die Raupe des Maulbeerseidenspinners für die Fertigung ihres Kokons zusammenspinnt. Bei der Raupe entsteht der Spinnfaden nicht aus Hinterleibsdrüsen wie bei den Spinnen, sondern aus zwei Düsen an der Unterlippe: Bis zu 4 Kilometer Fadenmaterial sind in einem einzigen Seidenspinner-Kokon verarbeitet. Davon sind aber nur etwa 800 Meter technisch fehlerfrei abzuwickeln und weiterzuverwenden. Der Kokonfaden besteht auch in diesem Fall aus dem Protein Fibroin und einer klebrigen Hüllsubstanz, Sericin genannt. In heißer Lauge wird die Sericinhülle entfernt, um den glänzenden Fibroin-Faden zu gewinnen. Für das Seidenkleid eines mittelmäßigen Models benötigt man etwa 500 Gramm Seide oder rund 1700 Kokons bzw. 1350 Kilometer Fibroin-Faden. Dafür haben die Seidenspinnerraupen etwa so viele Maulbeerblätter verzehrt, wie die Trägerin des kostbaren Kleides wiegt.

Um die Ecke gedacht: Wieso sind Bienenwaben sechseckig?

Honigbienen sind faszinierende Tiere. Sie leben in einem perfekt organisierten Staat und überraschen mit erstaunlichen Errungenschaften und Leistungen. Zudem sind sie die einzigen unter der riesigen und formenreichen Gruppe der Insekten, die zu Haustieren geworden sind. Zugegebenermaßen gelten auch die Seidenspinner als Haustiere, aber ein Vergleich zwischen Honigbiene und diesen Faltern wäre wie der zwischen einem Hund und einem Legebatteriehuhn. Honigbienen bescheren den Menschen süßen Honig fürs Butterbrot und duftendes Bienenwachs für die Kerzen am Weihnachtsbaum. Neben Zuckerbäckern, Wachslieferanten und vielem anderen sind sie auch perfekte Baumeister, Jongleure mit den irdischen Gesetzen der Physik und grandiose Ökonomen. Der Beweis dafür ist die Bienenwabe.

Ohne Mathediplom oder abgeschlossenes Studium in Bauphysik haben die Honigbienen für ihr Zuhause die materialsparendste und zugleich stabilste aller Formen gefunden: das Sechseck. Nur Sechsecke kann man nämlich in beliebiger Zahl naht- und lückenlos aneinanderpacken – das gelingt nicht bei runden Formen oder solchen mit mehr als sechs Ecken. Natürlich ist eine solchermaßen lückenlose Packung auch mit Drei- oder Vierecken möglich. Wer aber schon einmal drei- oder viereckige Kartenhäuser aufgestellt hat, weiß, wie schnell sie bei seitlich einwirkenden Kräften zusammenfallen. Das geschieht bei sechseckigen Konstruktionen dank der eingebauten Querverstrebungen nicht.

Wer sich nun vorstellt, Honigbienen würden beim Wabenbau mit Winkelmaß und Wasserwaage die exakt 120° messenden Ecken austarieren, liegt falsch. Das Sechseckmuster entsteht sozusagen von ganz allein, nämlich durch Selbstorganisation: Solange Bienen mit dem Wachs hantieren, ist es nicht hart und fest, sondern noch halbflüssig. Die erste Wabenzelle, die gebaut wird, hat dann auch eine runde Form. Erst durch den Anbau weiterer Waben um diese erste Wabenzelle ergibt sich die sechseckige Form dank kapilarer Kräfte wie von selbst. Das ist fast ein wenig Bienenmagie. Die ursprünglich runde Form kann man in den Ecken der Waben noch erahnen.

Typisch für die Forschungen rund um die Honigbiene ist, dass eine Antwort sofort zahlreiche Fragen hervorruft. Wie etwa kommen die Honigbienen zu dem Wachs für ihre Bauten? Sie stellen es selbst her. Bienen sind nämlich nicht Mädchen für alles, sondern haben die im Staat anstehenden Aufgaben auf viele Rücken verteilt. So gibt es neben Nektarsammlerinnen, Torwächterinnen, Babyfütterinnen, Königinversorgerinnen oder

Putzfrauen auch Wachsproduzentinnen. Sie stellen das Bienenwachs in sechs Drüsenfeldern auf der Unterseite ihres Hinterleibs her und schwitzen es als schuppenförmige Plättchen aus. Andere Bienen, die Baumeisterinnen, sammeln das frische Wachs auf und verbauen es zu den Waben.

Rund um diese Wabenzellen findet ein Großteil des Bienenlebens statt. Sie sind nämlich Vorratskammer, Schlafraum, Kinderstube und Telefonanlage zugleich. Telefonanlage? Aber ja! Wenn Sie Bienenwaben genau betrachten, werden sie erkennen, dass deren Wände oben nicht glatt enden, sondern einen leichten Wulst bilden. Dieser Wulst ist etwa viermal so dick wie die Wände der Wabenzellen. Nun könnte man leicht meinen, die Verdickungen seien nötig, damit die Laufstege nicht einbrechen, wenn Dutzende fleißiger Insekten mit ihrem Mikrogewicht darauf herumwimmeln. Das ist aber nicht nötig. Vielmehr bilden die Randwülste aller Bienenwaben ein zusammenhängendes Kommunikationsnetz, denn sie leiten perfekt genau die Schwingungen weiter, die Bienen bei ihrer Tanzsprache erzeugen. Bekanntlich vermitteln Honigbienen ja die Lage, Qualität und Quantität gefundener Nektarquellen über verschiedene Tänze im Dunkel des Bienenstocks. Je aufgeregter eine Biene tanzt, umso ergiebiger ist das gefundene Fressen. „Lasst uns zu ganz vielen aufbrechen", will sie ihren Stockgenossinnen durch den wilden Tanz mitteilen. Mit den trampelnden Schritten ihrer sechs Beine versetzt die tanzende Biene das Netz der Randwülste in Schwingungen, über das nun mikroskopisch kleine Wellen laufen. Sinneszellen an den Bienenbeinen sind sehr empfindlich und können Schwingungen von nur wenigen Tausendstel Millimetern Wellenlänge wahrnehmen. So bekommt jede Biene einer Wabe mit, dass da etwas los ist, und rasch bildet sich ein dichter Bienenauflauf rund um die Tänzerin.

Bienenforscher wollten es genau wissen. Sie entfernten alle Zellenwände einer Wabe und ließen nur das Netz der Randwülste stehen. Und siehe da, die Schwingungen einer tanzenden

Biene wurden genauso übertragen wie in Waben mit Zellen-
wänden. Anders in künstlich angefertigten Waben, die den dafür
vorgesehenen Holzrahmen gänzlich füllen: Solchermaßen ange-
ordnete Zellen unterbinden die Ausbreitung von Schwingungen,
wie es auch mit Honig oder Brut gefüllte Waben tun. Darum
machen Bienen trotz ihres Minihirns das einzig Richtige, wenn
ihnen ein Imker solche fertigen Waben anbietet (etwa mit dem
völlig menschlichen, aber irrigen Hintergedanken, dass Bienen,
die keine Wabenzellen mehr bauen müssen, mehr Zeit mit dem
Sammeln von Nektar zubringen und demnach mehr Honig produzieren könnten) – sie nagen im unteren und seitlichen Bereich
Lücken in das geschlossene Wabensystem und schon funktioniert das Telefon mit Freisprechanlage wieder. Dem Imker kann
das nur recht sein, denn diese Umbaumaßnahme ist auch seinem
ursprünglichen Hintergedanken dienlich.

Mitternachtssonne: Singen Vögel auch in helllichter Nacht?

Die Mitternachtssonne ist sozusagen das Gegenstück zur Polarnacht (vgl. S. 29) – aus demselben Grund, weshalb die Sonne im
arktischen Winter wochen- und monatelang nicht aufgehen will,
versinkt sie dort im Sommer nicht hinter dem Horizont. Mitternachtssonne klingt nach Dämmerlicht um Mitternacht, nach
etwas mehr als Vollmond mitten in der Nacht. Aber weit gefehlt:
Steht die Mitternachtssonne tief am Nordhimmel, ist es so hell
wie bei uns am Nachmittag.

Rund um den nördlichen Polarkreis, der die Erdkugel wie die
Köpfungslinie eines Frühstückseis umgibt, herrscht genau eine
Nacht lang die Mitternachtssonne – bei der Sommersonnen-
wende vom 20. auf den 21. Juni. Je weiter nördlich man reist,
umso länger dauert sie: in Narvik vom 25. Mai bis zum 18. Juli,

auf Spitzbergen vom 20. April bis zum 20. August und direkt am Nordpol 182 Tage lang vom Frühjahrs- bis zum Herbstanfang. Untersuchungen zeigen, dass sich die Menschen an diesen überlangen Tag besser anpassen können als an eine scheinbar ewig andauernde Nacht. Das ist nicht sonderlich erstaunlich, denn: Den Rollladen heruntergezogen und hermetisch dicht abgeriegelt – schon herrscht herrlichste Dunkelheit im Schlafzimmer, während selbst die beste elektrische Lampe nur ein müder Abglanz des mit 100 000 Lux strahlenden Sonnenlichts bei Tag ist.

Doch wie reagieren die Tiere auf die Mitternachtssonne, etwa die Vögel? Männliche Singvögel absolvieren bekanntermaßen bei uns von Spätwinter bis Frühsommer allmorgendlich ein vielstimmiges Konzert und zeigen so den Mädels auf akustische Weise, wo noch ein besonders toller Hecht samt Kinderwiege zu haben ist. Und damit die Weibchen ja auch mitbekommen, wenn sich die Männchen in Positur schmeißen (und dieses Ereignis nicht verschlafen), ist der Tagesgang der Sonne die Uhr, nach der sich das Vogelleben richtet. So wissen alle Bescheid, wann gesungen, gebalzt, gefressen und gepoft wird. Mitunter lassen sich Rotkehlchenmänner schon mal von einer brennenden Straßenlampe aus dem Takt bringen und stimmen dann unüblicherweise mitten in der Nacht ihr sehnsüchtig vorgetragenes Lied an.

Doch was passiert, wenn ausgerechnet in der gesangstechnisch wichtigsten Zeit die Uhr kaputt geht und die Sonne munter 24 Stunden lang auf den Planeten herunterscheint? Sind Szenarien realistisch, in denen die wiederholten Gesangsstrophen eines Goldammermännchens ungehört im Weltall verhallen, weil die entsprechende Vogeldame genau zu jenem Zeitpunkt zu ruhen gedenkt? Oder gehen nervtötend tschilpende Spatzen ihren Artgenossen so heftig auf den Geist wie der schnarchende Partner im ehelichen Bett, just weil diese sich gerade in der sensiblen Einschlafphase befinden? Nein, nein, keineswegs. Auch auf eine Sonne, die sich nicht an den 24-Stunden-Rhythmus hält, hat sich die Natur eingestellt: Es gibt nämlich noch die berühmte innere Uhr. Und diese tickt in den Vögeln im Land der Mitternachtssonne besonders laut. So bestätigen die Forschungsreisen einiger Ornithologen, was man auch beim Laborversuch mit Singvögeln im Dauertag herausgefunden hat: Weidenmeise, Birkenzeisig, Steinschmätzer und Star singen selbst an einem Mitternachtssonnentag nicht rund um die Uhr, sondern legen um die Stunde Null eine mehrstündige Pause ein. Dann ruhen nicht nur der Kehlkopf, sondern auch jegliche Aktivitäten rund um Nestbau, Futtersuche und Kükenaufzucht.

Warnung per Wolke: Wie Bäume Alarm schlagen

In den religiösen Vorstellungen vieler Völker gibt es Bäume, die sprechen können. Das ist nicht verwunderlich, existieren darin doch auch Engel, Teufel und allerlei andere seltsame Wesen. Niemanden irritiert es auch, wenn sich die vielgestaltig-merkwürdigen Geschöpfe zahlreicher Fantasy-Bücher in ihren fremdartigen Lebenswelten mit sprechenden Bäumen der Gattungen Ent, Yggdrasil & Co. herumschlagen müssen. Doch bei uns auf der Erde herrscht Ordnung, da können nur Menschen und Tiere sprechen. Bäume hingegen gehören wie alle anderen Pflanzen zur schweigenden Fraktion der Lebewesen, und ein Rascheln ihrer Blätter im Wind erzeugt die einzigen Laute, die sie hervorbringen können. Tja, wer so denkt, der irrt.

Denn auch die Bäume in unserer Welt können reden – zwar nicht über Eichhörnchendreck, wie die Hobbits in Tolkiens *Herr der Ringe* mutmaßen, dafür aber über die wirklich lebenswichtigen Themen. Diese sind aus der Sicht der Bäume genau dieselben wie für uns Menschen: Sex mit dem anderen Geschlecht und die Attacke von Feinden. Und da Bäume bekanntlich keine Ohren haben, wählen sie für ihre Nachrichten an die

Mitbewohner eben das Mittel, für das sie besonders empfänglich sind – und das sind Düfte, die über die Luft von Baum zu Baum eilen: Über chemische Kommunikation weiß jeder Baum ganz genau, was in seiner Umgebung los ist.

Beispiel Sex: Auch für Bäume ist es wichtig, den richtigen Zeitpunkt zu erwischen. Entlässt ein Baum seinen Pollen zu früh, haben möglicherweise noch alle weiblichen Blüten geschlossen, und der Blütenstaub dient höchstens als Futter für Biene, Hummel und Co. Öffnet er seine weiblichen Blüten hingegen zu spät, ist der Pollensegen vielleicht schon vorbei, und der Baum bliebe im betreffenden Jahr ohne Nachkommenschaft. Zur Unzeit loszulegen, ist also auch hier nachteilig. „Abgestimmte Synchronisation" heißt das Zauberwort. Darum verströmen bestäubungsbereite Bäume ein deutliches Signal in Form von Duftstoffen, das über die Luft zu den Artgenossen gelangt. Diese Duftstoffe sind meist leicht flüchtige ätherische Öle, die schon bei frühlingshaften Temperaturen verdampfen – manchmal in so hohen Konzentrationen, dass nicht nur die bestäubenden Insekten dank der Düfte auf kürzestem Weg zur Blüte finden, sondern auch Menschen mit ihren eher tumben Riechorganen völlig hingerissen die apfelblütenduftgeschwängerte Luft genießerisch einsaugen.

Beispiel Attacke: Saugen oder knabbern Blattläuse, Käfer oder gar größere Tiere an Blättern, Trieben oder Zweigen herum, ist Alarmstufe Rot angesagt. Bäume nehmen das Gefressenwerden nämlich nicht einfach so regungslos hin, wie wir das gerne denken. Wird ein Baum von einem solchen unwillkommenen Kostgänger heimgesucht, ergeht sofort ein chemischer Hilfeschrei an die Umgebung – und zwar in Form eines heftigen Schwalls an Warnstoffen, der durch die Luft in alle Richtungen katapultiert wird. Dann gehen Erlen, Ahorne und andere benachbarte Bäume in Abwehrbereitschaft und rüsten auf: Sie pumpen scheußlich schmeckende Gerbsäfte durch Rinde,

Zweige und Laub oder lassen ihre Blätter verhärten, wie zahlreiche Forschungsreihen bewiesen haben. Afrikanische Akazien ziehen sogar mit noch stärkeren Tanningiften ins Feld, die selbst ausgewachsene Giraffen darniederstrecken können.

Bittere Pflanzenkost oder harte Oberflächen erzielen dann auch meist die erwünschte Wirkung: Angreifende Sauger, Knabberer oder Zermalmer wenden sich nach einem kleinen Bissen angeekelt ab und ziehen von dannen. Einige dieser verströmten Warnstoffe haben noch weiter reichende Effekte. Sie locken jagende und parasitische Insekten an, denn wo offenbar viele Schädlinge sind, ist auch für sie der Tisch reich gedeckt. Raffiniert, nicht wahr? Im Lauf der Evolution haben sich auf diese Weise komplexe Zusammenspiele zwischen verschiedenen Partnern herausgebildet, und wir Menschen sind weit davon entfernt, auch nur einen Hauch dieses Einfallsreichtums der Natur zu verstehen.

Haariges: Wie viele Pullover produziert ein Schaf?

Die Schafe auf der Weide sehen mitunter unzeitgemäß gewandet aus: Im Frühsommer, wenn die Nächte noch recht kühl ausfallen können, stehen sie frisch nach der Schur etwas unbemantelt herum, und im angenehm warmen Spätsommer tragen sie ein dichtes, dickes Wollvlies. Die Auslesezüchtung besonderer Wollschafrassen hat den Tieren den natürlichen Haarwechsel abtrainiert, weil man sonst die Wolle nicht im geordneten Rahmen einer Schafschur gewänne, sondern irgendwie von der Weide auflesen müsste.

Bei den meisten Schafrassen entwickeln die Tiere in einer Saison ein Vlies von etwa 5 bis 6 Kilogramm Rohgewicht. Davon sind nach Reinigung und Auskämmen zu kurzer Wollhaare rund 65 Prozent nutzbar, also durchschnittlich 3,5 Kilogramm. Die-

se lassen sich nun nahezu verlustfrei zu langen Wollfäden ver-
spinnen, weil alle Tierhaare aus toten Haarzellen bestehen, die
eine leicht angeraute Oberfläche ergeben und technisch wieder
ähnlich gut miteinander verdrillt werden wie im Vlies des Schafs.
Die 3,5 Kilo versponnene Wolle ergeben somit rund 70 Woll-
knäuel à 50 Gramm. Das wäre ausreichend für ungefähr zehn
leichte Damenpullover der Konfektionsgröße 36.

Große Sprünge: Wie schafft das Känguru mehr als 9 Meter?

Kängurus sind possierliche Tiere: Wenn Skippy und Co. den
Betrachter mit ihren unschuldigen Rehaugen zwischen den
großen Tütenohren anschauen, schmelzen die Herzen reihen-
weise dahin. So süß, nein wirklich. Hat das Känguru dann zu
viel von der übergroßen Sympathiewelle, die ihm aus der ganzen Welt entgegenschwappt, macht es sich einfach mit ein paar
Sätzen auf seinen langen Hinterbeinen davon. Und diese Sät-
ze sind nun wirklich respektabel: Ein einzelner reicht bis zu
9 Meter weit! Das schaffen noch nicht einmal die besten
Weitspringer der Erde, obwohl sie viel mehr trainieren als ein
Känguru. Denn Kängurus arbeiten mit einem Trick (den mitt-
lerweile auch manche Athleten bei den Paralympics drauf-
haben): Ihre Hinterbeine sind mit einem ausgefeilten Sprung-
mechanismus ausgestattet, zu dem neben dem muskulösen,
Balance haltenden Schwanz vor allem die ungemein elastischen
Sehnen gehören, die auf besonders raffinierte Weise am Kno-
chen verspannt sind. Bei jeder Landung nach einem Sprung
verpufft nicht die gesamte Energie wie bei uns, sondern wird
in den Hinterbeinen wie in einer zusammengedrückten Sprung-
feder für den nächsten Sprung gespeichert. So übertragen sich
rund 90 Prozent der Energie von Hüpfer zu Hüpfer, und das

Känguru schnellt ohne allzu großen Kraftaufwand mit bis zu Tempo 70 auf und davon.

Ein Känguru schert sich auch nicht um die verschiedenen Gangarten, die eigentlich zum Repertoire eines Vierfüßers gehören – weder Schritt, Trab, Galopp noch den bärentypischen Passgang wird man jemals bei ihm sehen. Hat es das Känguru eilig, hüpft es nur auf seinen sich parallel bewegenden Hinterbeinen davon. Geht es hingegen gemütlich zu, dann ist sein Gang ein schwerfälliges Vorwärtshumpeln, das recht unbeholfen ausschaut. Bei jedem „Schritt" (wenn man davon überhaupt reden kann) stemmt das nun fünfbeinige Känguru sein Körpergewicht auf die kleinen Handflächen und den kräftigen Schwanz. Nur dann kann es seine langen Hinterläufe so weit anheben und an den Vorderbeinen vorbei nach vorne setzen.

Nach verbürgten Quellen soll sich der Name „Känguru" vom Aborigines-Wort für „auf vier Beinen hüpfend" ableiten. Warum es überhaupt so heißt, wo es sich doch niemals auf vier Beinen fortbewegt, müssten die Sprachforscher neu analysieren.

Blauäugig: Wie entstehen Augenfarben?

Was haben wohl die Augen von Paul Newman und – pardon – das Hinterteil eines Pavianmännchens gemeinsam, abgesehen davon, dass beide Träger männlichen Geschlechts sind? Richtig, Paul Newmans Augen und die Kehrseite des Pavians sind blau, und beide Farbeindrücke werden nicht durch ein blaues Pigment, sondern durch Rayleigh-Streuung erzeugt. Diese Streuung von Licht an Teilchen, die kleiner als die Wellenlänge des Lichts sind, haben wir ebenso wie den Nobelpreisträger, nach dem sie benannt ist, bereits kennengelernt. John William Strutt oder eben Lord Rayleigh erklärte mit demselben Prinzip auch die blaue Himmelsfarbe (vgl. S. 14).

Die meisten Babys kommen mit blauen Augen zur Welt. Ihre Iris enthält nur eine dünne Pigmentschicht im ein- bis zweistelligen Nanometerbereich, die aus winzigen Atomen und Molekülen besteht. Fällt nun sichtbares Licht, dessen Wellenlänge von 380 bis 780 Nanometer reicht, auf diese Pigmente, so wird es in alle Richtungen gestreut. Weil blaues, kurzwelliges Licht öfter gestreut wird als das langwellige rote Licht, entsteht der blaue Farbeindruck – auch bei den blauen Augen junger Kätzchen, auf dem Pavianpo und den blauen Federn von Blauhäher und Ara ist das so.

Erst im Lauf des ersten Lebensjahrs wird in dieser Schicht der Iris das Pigment Melanin gebildet, das die bleibende Augenfarbe bestimmt – oder auch nicht. Ohne Melanin bleiben die Augen nämlich zeitlebens blau. Bei wenig Melanin, das in geringer Konzentration gelb aussieht, verändert sich die Augenfarbe aufgrund der Farbmischung von Gelb und Blau zu verschiedenen Grau- und Grüntönen. Viel Melanin erscheint dunkel und führt, je nach Konzentration, zu braunen oder schwarzen Augen. Bei Albinos fehlen jegliche Pigmente in der Iris. Dadurch kann man die gut durchblutete Netzhaut als rote Augen sehen – übrigens auch auf geblitzten Fotos (Kaninchenaugen-Effekt), wenn die Pupille weit geöffnet ist und der Blitz aus der direkten Umgebung um den Fotoapparat kommt.

Die farbigen Pigmente haben eine wichtige Aufgabe: Sie schützen die Netzhaut vor einer zu großen Lichtstrahlung – daher haben Menschen in polarnahen Gebieten eher blaue oder helle Augen, Menschen in sonnenreichen Gegenden hingegen fast nur dunkle Augen. Übrigens: Wer ganz viele blaue Augen sehen möchte, muss nach Finnland reisen. Dort sind laut statistischen Erhebungen rund 90 Prozent der Bevölkerung blauäugig.

Nun denken Sie beim nächsten tiefen Blick in die wunderschönen blauen Augen Ihres Geliebten aber nicht unbedingt an den Rayleigh-Effekt!

Verdreht und verschroben: Wie die Natur den Dreh raushat

Johann Wolfgang von Goethe (1749–1832) kennt man am ehesten als hochverehrten Dichterfürsten, der außer Balladen und Gedichten so unsterbliche Werke wie den *Götz von Berlichingen* oder die beiden grandiosen Teile des Wissenschaftlerdramas *Faust* hinterlassen hat. Weniger bekannt ist seine Rolle als hoher Ministerialbeamter oder gar als Naturwissenschaftler. Überdies hatte er – das beweisen schon allein seine zahlreichen Liebschaften – auch immer ein sensibles Auge für besonders hübsche organische Formen. So musste ihm beinahe zwangsläufig auffallen, dass sich in der Gestalt der Lebewesen vieles im Kreis bewegt, anderes sich eben zu hübschen Rundungen bzw. ansehnlichen Kurven entwickelt. In einer später recht berühmt gewordenen Abhandlung („Über die Spiraltendenz der Natur") legte Goethe seine Gedanken über Verbogenes, Verdrehtes und Verschrobenes im Aufbau der Lebewesen nieder.

Solche Formen fallen tatsächlich erstaunlich regelhaft aus und lassen sich sogar mit mathematischen Gesetzmäßigkeiten wiedergeben. Vom rasigen Gänseblümchen bis zur riesigen Sonnenblume sind beispielsweise die aus vielen Einzelblüten zusammengesetzten Blütenkörbe der Korbblütengewächse auf mathematisch exakten Spiralbögen angeordnet, die ihrerseits ein erstaunliches Muster bilden: In diesen Komplexblütenständen sind jeweils links- und rechtsläufige Segmente vorhanden, wobei die nach links gewendeten klar überwiegen.

Verdrehtes und Verschrobenes gibt es bei vielen Pflanzen. Vielleicht am auffälligsten zeigen sich solche pflanzlichen Gewinde bei den diversen Schlingern und Rankern, die man aus guten Gründen auch Windepflanzen nennt. Bei diesen Arten handelt es sich um grüne Emporkömmlinge, die jede beliebige Unterlage als stabilisierende Stütze nutzen, sich dabei eine

Menge Aufwand für die eigene tragfähige Konstruktion ersparen und stattdessen alle verfügbare Energie in ein bemerkenswert rasches Längenwachstum investieren. Damit dieses Verfahren auch wirklich funktioniert, müssen sich die betreffenden Pflanzen irgendwie wirksam festhalten. So umgarnt bei den Schlingern die wachsende Sprossspitze ihre Wuchsunterlage jeweils in Schraubengängen und leistet auf diese Weise die unverzichtbare Befestigung.

Das Besondere ist nun, dass die Windungsrichtung bei den einzelnen Arten immer strikt festgelegt ist. Die wachsende, sich drehende Sprossachsenspitze bewegt sich bei den meisten Windepflanzen durchweg gegen den Uhrzeigersinn, also links herum. Das Ergebnis ist daher eine rechtsgängige, aber linksgewundene Z-Spirale. Rechtsgängig nennt man die Drehrichtung deshalb, weil man – wäre es eine Wendeltreppe – bei seitlicher Betrachtung von links unten nach rechts oben aufsteigt. In der heimischen Flora bilden nur Hopfen, Wald-Geißblatt und Windenknöterich eine Ausnahme – sie haben sich als notorische Rechtswinder festgelegt und sind folglich Aufsteiger mit rechtsgewundener, aber linksgängiger S-Spirale. Wenn sich also Winde und Geißblatt gleichsam gegenseitig umrunden, was am natürlichen Standort durchaus vorkommen kann, muss es folgerichtig zu heftigen Verwicklungen kommen. Im *Sommernachtstraum* lässt William Shakespeare seine leicht paranoide Titania einen botanisch erstaunlich korrekten Vergleich ziehen: „… ich will dich mit meinen Armen umfassen wie die Winde das süße Geißblatt umschlinge …"

Falls das alles Ihre Vorstellungskraft gar zu arg strapaziert hat, sollten Sie spätestens jetzt eine Flasche guten Rotwein öffnen. Der Korkenzieher ist ein wunderbares Modell für den klar bevorzugten Windungssinn in der Natur. Sein gewundener Teil ist nämlich eine klassische Linksschraube. Stellen Sie sich vor, die Schraube dieses überaus nützlichen Werkzeugs

sei eine Wendeltreppe. Diese führt Sie nur gegen den Uhrzeigersinn zu höherem Genuss (übrigens gleichgültig, ob Sie
den Korkenzieher auf den Kopf stellen oder nicht), und jedes
Mal führt Sie der Aufstieg von links unten nach rechts oben.
Jetzt machen wir die Verwirrung komplett: Den Korken ziehen Sie natürlich nur dann erfolgreich aus der Flasche, wenn
Sie den Korkenzieher rechts herum und damit im Uhrzeigersinn drehen.

Bauchschau: Haben Enten einen Nabel?

Seit einigen Jahren ist der Bauchnabel als kecker Blickfang sehr
in Mode gekommen, zumindest bei den Mädels (und leider
auch bei den betont rundlichen). Metallene Knöpfe, Strass- und
echte Steine und allerlei Figuren zieren die Vertiefung mit der
jetzt stillgelegten Pipeline, über die einst alle lebenswichtigen
Nahrungsmittel in den winzigen Körper hinein- und die zu
entgiftenden Substanzen herausgeflossen sind. Der Bauchnabel
ist der Rest der Nabelschnur, über die der Embryo in der Gebär-
mutter mit dem mütterlichen Organismus verbunden war.
Und da alle Säugetiere im Mutterleib heranwachsen, haben folglich auch Hunde, Katzen, Pferde, Löwen und sogar Wale und
Fledermäuse einen Bauchnabel.

Doch wie sieht das bei Hühnern, Enten und anderen Vögeln
aus, die ja nicht von einer Mutter geboren werden, sondern in
einem Ei heranwachsen? Wenn Sie schon einmal ein Ei aufge-
schlagen und in die einzelnen Bestandteile getrennt haben, ist
Ihnen vielleicht im Eiweiß ein schnurähnlich aufgewickeltes
Gebilde aufgefallen. Auch das ist eine Art Nabelschnur, über die
der Vogelembryo mit dem das Eigelb umhüllenden Dottersack
verbunden ist. Durch sie fließt alles, was das kleine Lebewesen
für sein Wachstum braucht. Beim frisch geschlüpften Küken

können Sie manchmal sogar noch diese Nabelschnur in der Bauchmitte zwischen den Beinen sehen, die jedoch bald abfällt. Würde man an der Stelle, an der die Nabelschnur angesetzt hat, dem Küken unters Federkleid schauen, könnte man dort tatsächlich den winzigen Bauchnabel sehen. Am erwachsenen Vogel hingegen sucht man vergeblich danach, denn er verschwindet bald – anders als bei uns Menschen.

Haftkraft: Warum gleitet ein Gecko nicht vom Gebälk?

In einer schlaflosen Sommernacht am Mittelmeer bietet selbst manch trostlose Unterkunft eine willkommene Alternative zum Schafe-Zählen: einen Gecko bei der Jagd auf Insektenbeute. Munter huscht der kleine Kerl die Zimmerwand hinauf, verharrt einen Moment völlig regungslos, um dann erneut auf ein Ziel an der Zimmerdecke loszuschießen. Laue Nächte laden auch zum Wundern ob dieser hafttechnischen Meisterleistung ein: Wieso bleibt der Gecko an der Decke kleben? Wieso kann er seine perfekt haftenden Füße wieder so schnell von der Wand lösen? Und wieso bleiben die Füße sauber, egal, wie der Untergrund beschaffen ist?

Winzige Saugnäpfe wie beim achtarmigen Oktopus scheiden aus, denn sie würden niemals an staubigem Rauputz haften – und auch den überwindet der Gecko mühelos. Ein chemischer Flüssigkleber kommt auch nicht in Frage, bräuchte dieser ja etwas Zeit zum Aushärten (in der sich der Gecko irgendwo festhalten müsste), und ein leichtes Ablösen ohne Klebereste ginge gar nicht. Handelsübliche Klebestreifen sind es auch nicht, weiß doch jeder, dass deren Klebefläche rasch verschmutzt und dann gar nicht mehr hält. Was also ist der Trick des Geckos, den nicht nur der schokoladentafelschwere Mittelmeervertreter, sondern auch der größte unter ihnen, der bis zu 40 Zentimeter lange und dann rund 300 Gramm schwere Tokee-Gecko, perfekt beherrscht? Physiker, Materialwissenschaftler und Ingenieure haben sich die geheimnisvollen Geckofüße genauer angeschaut.

Mit bloßem Auge erkennt man auf der Unterseite der verbreiterten Zehen nur flauschige Lamellenstrukturen. Im Lichtmikroskop zeigen sich diese Lamellen mit dichten, feinen Haaren, sogenannten Setae besetzt, die zehnmal feiner als ein menschliches Haar sind. Erst ein Elektronenmikroskop macht bei 15 000-facher Vergrößerung die Details dieser bewundernswerten Konstruktion deutlich: Jede Seta spaltet sich an der Spitze nochmals in Hunderte winziger Blättchen, die wegen ihrer Spatelform Spatulae heißen. Jede davon ist so atemberaubend klein, dass darin nur noch höchstens sechs Keratinmoleküle nebeneinander Platz haben (Keratin ist das Material, aus dem unsere und des Geckos Haare bestehen). Da diese superfeinen Haftblättchen auch noch beweglich sind, passen sie sich perfekt jeder ultrafeinen Unebenheit im Untergrund an. Bei jedem Schritt treffen die Haftblättchen-Moleküle direkt mit den Molekülen von Wand und Decke zusammen, und nun kommt es auf molekularer Ebene zu folgenreichen Wechselwirkungen: Zwischen den beteiligten Molekülen und Atomen entstehen elektrostatische Anziehungskräfte, die berühmten Van-der-Waals-Kräfte. Benannt hat man sie nach ihrem Entdecker, dem niederländischen Physiker und Nobelpreisträger Johan Diederik van der Waals (1837–1923). Eigentlich sind sie nur sehr schwach, aber der Gecko besitzt ja auch nicht nur eine solche Spatula, sondern vielmehr Milliarden. Dadurch summieren sich die Van-der-Waals-Kräfte ordentlich auf und sind letztlich so stark, dass sich ein Gecko locker mit nur einem Zeh selbst an einer frisch geputzten Fensterscheibe halten kann. Alle vier Füße könnten sogar das Gewicht von zwei durchschnittlich großen Menschen halten. Einigkeit macht eben stark. Macht der Gecko nun einen

Schritt vorwärts, so ändert sich der Winkel, in dem die Spatulae auf die Wand treffen – und wupps, lösen sich gleichermaßen die Van-der-Waals-Kräfte und die Zehen von der Wand. So geht das Schritt für Schritt. Die Geckofüße erweisen sich somit als Gesellschaft mit beschränkter Haftung.

Auf feuchtem Untergrund oder bei hoher Luftfeuchtigkeit verlassen sich Geckos nicht nur auf die Elektrostatik, sondern zusätzlich auf die Kapillareffekte der Wassermoleküle. Der dünne Wasserfilm zwischen Spatulae und Untergrund verdoppelt die Haftkraft eines einzelnen Haftblättchens sogar. Nun könnte unser Gecko sogar vier Menschen tragen …

Auch kleinere Tiere wie Fliegen, Käfer und andere Insekten nutzen diese Kapillarkräfte für ihren Kopf-unter-Gang an Scheibe, Wand oder Decke und produzieren dafür ein wässriges Fußsekret (nicht zu verwechseln mit Fußschweiß), während Spinnen lieber trockenen Fußes nach Geckoart unterwegs sind.

Steinböcke und Gämsen wären sicherlich auch froh, wenn sie die steilen Felshänge mittels Elektrostatik und Kapillarkräften an ihren Hufen erklimmen könnten: Leider sind sie dafür aber viel zu schwer: Ihre Spatulae müssten ungemein viel feiner als die des Geckos sein und folglich jeweils nicht aus sechs Keratinmolekülen, sondern nur aus einem einzelnen bestehen. Das hat immense Konsequenzen für die Reißfestigkeit: Dermaßen dünne Hafthaare würden bei der geringsten Beanspruchung – vermutlich genügte schon ein stärkerer Wind – von den Füßen abreißen. Daher setzen diese Bergbewohner auf andere Haft-Strategien.

Warum die Geckofüße auch dann noch stets sauber bleiben, wenn die Wand schon bedenklich verdreckt ist, erklären ebenfalls die Van-der-Waals-Kräfte: Sie sind zwischen Schmutz und Untergrund größer als zwischen Haftblättchen und der Verschmutzung – und folglich bleibt der Dreck, wo er ist. Wahrhaft Klasse!

Plakative Tarnung: Streifen machen unsichtbar

Querstreifen machen dick und Längsstreifen gehören zum Pyjama- oder Häftlings-Look. Wenn dies Ihre bisherigen Assoziationen zu Streifen waren, dann müssen Sie noch eine weitere hinzunehmen: Streifen machen nämlich auch unsichtbar. Wie bitte? Zumindest gilt das für Zebras, auch wenn sie in ihrem heftigen Streifendesign eher nach einem Pop-Art-Entwurf aussehen. Außerdem stellt sich hier die Frage, ob sie denn quer oder längs gestreift sind.

Viele Forschungsjahre lang haben sich Wissenschaftler den Kopf darüber zerbrochen, warum Zebras ein solch auffallend schwarz-weißes Streifenkleid tragen. Anfangs führte man Versuche mit Hunderten, vielleicht sogar Tausenden von auf kleinen Haltern fixierten Fliegen durch, die sich stundenlang einen schwarz-weiß gestreiften Papierstreifen anschauen mussten, der sich mal nach links, mal nach rechts drehte. Dieses eintönige Programm buchstäblich langweiliger Streifen würde – so dachte man – die Tsetsefliegen wegen ihrer vielen, zu Facettenaugen zusammengefassten Einzelaugen total verwirren. Dadurch würden Zebras weniger von diesen Insekten gestochen und hätten folglich auch weniger unter der gefährlichen Naganaseuche zu leiden.

Eine andere Theorie meinte, das Streifenkleid sei wie ein Passfoto. Weil jedes Tier einen individuell leicht abgewandelten schwarz-weißen Streifenlook trägt, würde es die unterschiedliche Musterung den Zebras erleichtern, die einzelnen Tiere ihrer Herde besser zu erkennen. Vermutlich war der (sicherlich westliche) Urheber dieser Theorie gerade von einer Japanreise zurückgekehrt und hatte, nach einem Geistesblitz, seine Probleme bei der Wiedererkennung einzelner Asiaten auf die Zebrapopulation übertragen.

Einer dritten Theorie zufolge soll das charakteristische Streifenmuster den Tieren in ihrer heißen, schattenarmen Heimat helfen, die Körpertemperatur auf ein erträgliches Maß zu senken: Die schwarzen Streifen heizten sich in der Sonne auf und würden wärmer, die weißen hingegen strahlten Wärme ab und würden kühler. Folglich gebe es zwischen den Streifen messbare Temperaturunterschiede, die laut Wetterforschern ja die Ursache für das Auftreten von Wind seien. Demnach sei der Körper des Zebras von zirkulierenden Mikrowinden umströmt, die bekanntlich eine kühlende Wirkung hätten. Warum dann weder Elefanten noch Kamele gestreift durch ihre Heimat ziehen, erklärt diese Theorie allerdings nicht.

Zur Lebenswirklichkeit eines Zebras gehören die afrikanische Savanne und lichte Galeriewälder als Lebensraum, das Leben in einer Herde (meistens jedenfalls) und der Löwe als größter Feind. Aus der Mischung dieser Faktoren ergibt sich die Erklärung für die oben behauptete Unsichtbarkeit. Ein einzelnes schwarzweißes Zebra, das allein durch das hohe Gras der afrikanischen Savanne spazieren geht, fällt uns Menschen sofort auf. Einem Löwen hingegen nicht unbedingt, denn Löwen können, wie übrigens die meisten Säugetiere, nur Blau und Rot sehen. Daher sind farbliche Unterschiede in seinen Augen nicht so prägnant und das Streifenmuster und das gleichermaßen gestaltete Grasmuster verschwimmen ineinander. Manche Forscher meinen denn auch, Löwen könnten nur deshalb so gut riechen und hören, damit sie überhaupt ihre Hauptbeute finden könnten. Der König der Tiere quasi blind wie ein Maulwurf – oh oh …

Noch schwieriger wird es für die Löwen, wenn sie es nicht mit nur einem, sondern einer ganzen Herde Zebras zu tun haben. Wo beginnt das eine Tier, wo endet das andere? Statt vieler Einzeltiere nehmen die Löwen dann nämlich nur einen vielbeinigen gestreiften Haufen wahr – viel zu groß, um als Beute in Frage zu kommen, einen vernünftigen Angriffsplan zu starten oder ein geschwächtes Tier einzeln auszumachen. Und siehe da: Wegen seines auffallenden Streifenkleides geht ein Zebra gut getarnt in der Masse unter und wird unsichtbar. So verschwimmt es ebenso gut mit seinem Lebensumfeld wie der grüne Laubfrosch auf einem grünen Blatt, der weiße Eisbär in einer weißen Eis- und Schneelandschaft, die braun gefleckte Zikade auf einer Baumrinde und das schlamm-khaki gefleckte Militär im feindlichen Vorgarten. Raffiniert.

Stichelei: Wieso juckt ein Mückenstich?

Nein, das hat die Natur nicht besonders rücksichtsvoll eingerichtet: Da benötigen die Weibchen mancher Mücken doch tatsächlich eine satte Blutmahlzeit, um ihre Eier reifen zu lassen. Meist überfallen sie ihre Opfer nächtens. Die hässlich hohen Frequenzen von Stechmückenweibchen, die auf der Suche nach einem geeigneten Lande- und Tankplatz unangenehm dicht am Ohr vorbeifliegen, sind der Alptraum so mancher lauen Sommernacht und das vorläufige Ende eines erquickenden Schlafes.

Sollte ein Mini-Vampir unbemerkt auf einem Fleckchen blanker Haut niedergegangen sein, läuft eine ziemlich perfid-perfekte Inszenierung ab: Sekundenschnell vertieft das Mückenweibchen seine dünnen, stilettspitzen und vorne mit feinsten Sägezähnchen ausgestatteten Stechborsten etwa bis zur Hälfte in unsere lederige Haut und löchert dort zielgenau eine Blutkapillare – präzise, lautlos, schnell und effektiv. Aus ihren Speicheldrüsen injiziert die Mücke nun einen komplexen Stoffmix, der hochspezifisch die sonst sofort einsetzende Blutgerinnung blockiert, damit das aufgesogene Blut nicht schon im Saugrohr verklumpt. Außerdem würde sich die frisch angezapfte Kapillare augenblicklich wieder verschließen. Diese stoffliche Interaktion entgeht unserem attackierten Körper natürlich nicht – er reagiert unmittelbar auf die von der Mücke eingebrachten Fremdstoffe und setzt an der Einstichstelle als erste Abwehrmaßnahme das hormonähnliche Histamin ein. Diese Verbindung, die auch bei allergischen Reaktionen im Spiel ist, verursacht letztlich die Schwellung und Rötung des Mückentatorts. Der auftretende Juckreiz ist dabei nichts anderes als ein sehr kleinflächig begrenzter Schmerz als gemeinsame Antwort der dort unmittelbar betroffenen freien Nervenenden.

Todesmutig: Wie überleben Schnecken die stärksten Giftpilze?

Bei einem Spaziergang durch den herbstlichen Wald ist Ihnen sicherlich schon aufgefallen, dass viele Pilze deutlich angebissen sind. Während das bei leckeren Pilzen wie Pfifferlingen oder Steinpilzen durchaus verständlich ist, verwundern die Bissspuren an so tödlich giftigen Arten wie Grüner Knollenblätterpilz dann doch. Vergeblich werden Sie rund um diese hochgiftigen Vertreter nach Tierleichen Ausschau halten: Ohne Probleme vertragen nicht nur Schnecken, Käfer und Fliegen die hohen Dosen leberschädigender oder Blutzellen auflösender Eiweißgifte, sondern auch Wildschweine, Igel, Eichhörnchen und andere Fellträger.

Schnecken und andere Wirbellose, aber auch viele Säugetiere haben einen völlig anderen Stoffwechsel und vertragen daher bestens die Giftstoffe, die beim Menschen zum Tod führen. Diese Tiere besitzen nämlich bestimmte Enzyme, mit denen sie die giftigen Aminosäuren zersetzen. Denken Sie allein schon an den völlig unterschiedlichen Verdauungsapparat von Kühen und Menschen, so verwundert es nicht, dass für viele Lebewesen Giftpilze eine leckere Mahlzeit darstellen, während Hunde an der feinsten Schokolade sterben können. Darum beherzigen Sie dies: Deutliche Fraßspuren sind kein Hinweis auf einen essbaren Pilz – der Mensch ist nun mal keine Schnecke.

KOSMOS.
Gut zu wissen.